气象观测设备测试方法

（第一册）

莫月琴　张雪芬　主编

气象出版社
China Meteorological Press

内容简介

本书是在多年实践经验基础上，针对气象观测设备的测试方法而编写的技术规范。该规范所涉及的设备主要是拟用于气象观测的专用技术装备（不包括气象卫星及人工影响天气作业设备），可以是整机、系统、传感器和部件等。全书共分八个部分和一个附录，总则部分主要介绍了气象观测设备测试的目的、要求、条件、抽样、流程，明确了测试方案、数据处理、测试报告编写及资料整理归档的原则；环境适应性部分规定了气象观测设备测试环境适应性的要求和试验，包括气候环境、机械环境和电磁兼容性等。其他部分分别规定了地面气象观测设备、高空气象观测设备、天气雷达、风廓线雷达、地基GNSS遥感水汽探测设备、气溶胶质量浓度设备等的测试方法。附录规定了气象观测专用技术装备功能规格需求书的编写原则、结构要求及正文内容等，为装备功能规格需求书的编写提供参考。

本书可作为从事气象观测设备测试技术人员的工具书，也可为气象观测设备研发、生产和气象业务管理人员提供参考。

图书在版编目（CIP）数据

气象观测设备测试方法. 第一册 / 莫月琴，张雪芬主编. — 北京：气象出版社，2019.7

ISBN 978-7-5029-6990-5

Ⅰ.①气… Ⅱ.①莫… ②张… Ⅲ.①气象观测-设备-测试方法 Ⅳ.①P414

中国版本图书馆CIP数据核字(2019)第138204号

出版发行：气象出版社
地　　址：北京市海淀区中关村南大街46号　**邮政编码**：100081
电　　话：010-68407112(总编室)　010-68408042(发行部)
网　　址：http://www.qxcbs.com　**E-mail**：qxcbs@cma.gov.cn
责任编辑：隋珂珂　**终　　审**：吴晓鹏
责任校对：王丽梅　**责任技编**：赵相宁
封面设计：博雅思企划
印　　刷：北京中石油彩色印刷有限责任公司
开　　本：889 mm×1194 mm　1/32　**印　　张**：6.25
字　　数：175千字
版　　次：2019年7月第1版　**印　　次**：2019年7月第1次印刷
定　　价：68.00元

序

气象观测是对天气和气候现象特征及其变化过程进行观察和测量。它是研究测量和观察地球大气的物理和化学特性以及大气现象的方法和手段的一门学科，是气象工作和大气科学发展的基础，该学科主要通过气象观测设备获取各种气象观测资料来实现。气象观测设备的性能直接影响着获取数据的准确性和可用性，开展气象观测设备的试验和测试，是改进和完善观测设备性能、确定技术指标是否符合装备列装技术要求的重要环节，是把好观测数据质量的“第一道关口”。

中国气象局历来重视气象观测设备的试验和测试评估工作，并要求设备进入业务观测之前，必须开展其测试评估工作，满足业务需求的设备才能允许在观测业务中列装。1997 年中国气象局在北京建立了第一个中国气象局大气探测试验基地，主要用于开展气象观测设备的试验和测试评估工作。

20 多年来，中国气象局大气探测试验基地已完成了上百项气象观测设备的试验和测试评估工作，推出了一批自动化新装备进入业务，提升了我国综合观测系统的自动化和现代化水平，同时积累和凝练了一套气象观测设备测试评估的方法和流程。这些测试方法是在多年工作中形成的，并且也参考了军方气象仪器的测试方法，充分反映了目前国内外气象观测设备测试方法的先进水平。本书内容全面、系统、规范，相信本书的出版，对从事气象观测设备测试和研发的技术和管理人员具有重要的参考价值，将会更加科学规范气象观测设备的测试评估工作。

2019 年 6 月 27 日

前　言

中国气象局依法行使气象行政许可职权，根据《中华人民共和国气象法》和《中华人民共和国行政许可法》等相关法律，颁布了《气象专用技术装备使用许可管理办法》〔2016〕。为规范气象观测专用技术装备的测试，中国气象局气象探测中心依据《气象专用技术装备使用许可管理办法》，组织编制了《气象观测设备测试方法》。

本测试方法适用于气象行政许可中气象观测专用技术装备的检定检测，也适用于气象观测设备的研发、生产过程中的测试、试验和检验。

气象观测设备在进入业务应用之前，必须经过设备的测试、考核和评估，达到相应的国家标准、气象行业标准或国务院气象主管机构规定的技术要求，才能进行业务列装。这是保证观测数据质量不可缺少的重要环节。

自20世纪70年代以来，中国气象局一直在开展气象观测设备的测试评估和试验考核。1997年中国气象局大气探测试验基地建立后，已完成了天气雷达、L波段探空雷达、GPS探空系统、风廓线雷达、地面测报软件、单雨量站、自动土壤水分仪、自动气象站、自动气候站、便携式自动站以及湿度、压力传感器等多项测试评估任务，多数完成了业务列装。为进一步推动地面观测自动化技术，还开展了云高云量、能见度等观测设备和观测方法试验研究；在观测技术研究方面，开展了凝结类天气现象自动化观测技术攻关、不同原理降水传感器观测准确度与可靠性试验、通风防辐射罩比对试验、不同下垫面条件下红外测温传感器的应用试验、多种遥感垂直探测资料融合技术试验、多波段探测技术在云和降水条件下探测大气廓线技术与探测能力试验等。

经过这些年的实践，在装备测试、试验和评估方面积累了丰富的经验，形成了一些试验考核、测试评估的流程和方法，但这些流程和方法还不具有系列性、成套性和规范性，不能做到统一规范，统一流程，统一方法和统一评价，有时甚至会出现分歧。因此，本书在前期试验考核和测试评估工作经验基础上，通过调研、试验和总结凝练，编写了气象观测专用技术装备测试方法的系列技术规范，该系列技术规范已印发实施。通过该测试方法系列规范的实施，使得测试评估有章可循、标准统一，更具有科学性和公平公正性。

本书由莫月琴组织编写。第一部分由莫月琴、张雪芬、雷勇、张明、王小兰、冯冬霞、陈瑶、齐涛、何平、任晓毓等编写，第二部分由张明、郭启云、冯冬霞、郭然、陈瑶、陈挺、王天天、刘聪等编写，第三部分由杨云、王小兰、林冰、张雪芬、冯冬霞、王建凯等编写，第四部分由郭启云、曹云昌、莫月琴、冯冬霞、杨荣康、任晓毓等编写，第五部分由邵楠、王天天、陈玉宝、王箫鹏、李喆等编写，第六部分由何平、吴蕾、齐涛、任晓毓、陈瑶、王天天等编写，第七部分由王海深、曹云昌、胡姮、梁宏、涂满红、陈瑶、张明等编写，第八部分由荆俊山、贾小芳、茆佳佳、高丽娜、吕珊珊、任晓毓等编写，附录由莫月琴、张明、陈瑶、陶法、刘银锋、王小兰、任晓毓、胡树贞等编写。

全书由任晓毓、齐涛统编，莫月琴审定。

由于编者水平有限，如有疏漏和不妥之处，敬请读者批评指正。

编者

2019 年 3 月

目 录

第一部分 总 则

1 范围

本部分规定了气象观测设备测试的目的、要求、条件、抽样、流程,测试方案、数据处理方法、测试报告编写及资料整理归档的原则等。

本部分适用于气象观测设备(暂不包括气象卫星及人工影响天气作业设备)的测试,所涉及的仪器和设备可以是整机、系统、传感器和部件等。

2 规范性引用文件

下列文件对于本文件的应用是必不可少的。凡是注日期的引用文件,仅所注日期的版本适用于本文件。凡是不注日期的引用文件,其最新版本(包括所有的修改单)适用于本文件。

JJF1001—2011 通用计量术语及定义

JJF1059.1—2012 测量不确定度评定与表示

JJF1094—2002 测量仪器特性评定

GJB6556.1—2008 军用气象装备定型试验方法 第1部分:总则

GJB6556.8 军用气象装备定型试验方法 第8部分:数据录取和处理

QX/T8—2002 气象仪器术语

3 术语和定义

下列术语和定义适用于本方法。

3.1 被试产品 tested instrument

被测试的气象观测设备统称为被试产品或被试品,所涉及的设备可以是整机、系统、传感器和部件等。

3.2 测量性能 measuring performance

气象观测设备测量气象要素的特性和能力,如测量范围、测量误差、分辨力、稳定性、时间常数、迟滞、阻尼、频率、发射功率、接收灵敏度、天线增益和噪声系数等。

注:改写 GJB 6556.1—2008 中 3.1.15。

3.3 测量误差 measurement error,error of measurement [JJF1001—2011 中 5.3,JJF1059.1—2012 中 3.11]

简称误差(error)

测得的量值减去参考量值。

3.4 外场测试 field test

在实际使用的自然环境条件下,对气象观测设备进行的测试,以评定其观测数据的完整性、准确性,设备运行的稳定性、可靠性,相同型号仪器测量结果的一致性和与气象观测网的可比较性等是否达到设计和使用要求。

注:外场测试数据的准确性与实验室测试数据的准确性不同。外场测试中有明确参考标准的,准确性是指与该参考标准的一致程度;没有明确参考标准的,准确性是指与参考仪器的变化趋势的一致程度或相关性。

3.5 [观测数据的]完整性 integrity

观测数据的完整性表征被试产品在测试期间获取数据资料的能力,可用完整性表示,也可用缺测率表示。完整性用被试产品终端实际观测数据个数与应观测数据个数的百分比表示,缺测率用被试产品缺测数据个数与应观测数据个数的百分比表示。计算公式为:

完整性(%)=(实际测量数据个数/应测量数据个数)×100%

缺测率(%)=(缺测数据个数/应测量数据个数)×100%

3.6 [观测数据的]准确性 accuracy

观测数据的准确性反映被试产品获取数据的质量,用误差区间来表征,通常表示为$(\bar{x}-ks,\bar{x}+ks)$的形式,其中$\bar{x}$为系统误差,s为标准偏差,k为置信因子。

注:误差区间用于表示最大允许误差或允许误差限的实际测量结果。

3.7 [设备运行的]稳定性 stability

被试产品经过其技术条件允许的某种应力的作用或者正常使用、贮存一定的时间,其测量性能保持不变的能力。

注:改写 JJF 1094—2002 中 5.8,改写GJB 6556.1—2008 中 3.1.16,改写 QX/T8—2002 中 4.29。

3.8 [设备运行的]可靠性 reliability

被试产品在规定的情况下,规定的时间内,完成规定任务的能力。

3.9 [测量结果的]一致性 consistency

在相同测量条件下,同类多台仪器(2 台或以上)对同一被测量所得测量结果之间的一致程度。

3.10 可比较性 comparability

被试产品与气象观测网的同类观测仪器对同一气象要素获取观测数据的一致程度。

4 目的与要求

4.1 目的

确定和验证被试产品是否符合有关标准或规定的技术要求,为气象观测业务应用提供技术依据。

4.2 要求

4.2.1 有下列情况之一的气象观测设备应进行测试:

a)新研制开发的;

b)在原理、技术、方法、结构、材料及工艺等方面有重大改进的;

c)功能或测量性能有明显改进的;

d)择优选用的,包括进口产品;

e)其他需要进行测试的。

4.2.2 测试应首先成立测试组,根据有关标准或规定的技术要求制定测试方案,按照测试方案组织实施。

4.2.3 被试产品主要功能及测量性能必须满足有关标准或规定的技术要求,凡是有要求的项目原则上都应进行测试。如有特殊的需求或测试条件的限制,可根据应用需求或测试条件,对测试项目进行相应增减。

4.2.4 所有测试项目,都应保存全部原始数据记录和技术材料。

4.2.5 因测试方不具备条件的测试项目,可委托有测试资质的单位进行,并由其提供相应的测试报告或证书。

4.2.6 测试期间,被试方只能在测试组认为必要时承担被试产品的技术保障任务,不得干预测试工作。

4.2.7 测试方案、测试报告和相关技术文件,以及被试产品的技术文件所用气象仪器术语应采用 QX/T 8—2002,通用计量术语应采用 JJF1001—2011,被试产品测量特性表示应采用 JJF 1094—2002 的概念和定义。

4.2.8 登记和记录,通常应做到:

a)被试产品在测试前应逐台登记并编号。

b)每项检查、测试、修理和维护都应记录在专用记录册内,如起止时间,主要内容,环境条件,结果摘要等。

c)测试过程中所有的原始数据、记录以及计算、整理、校对,均应有经手人签字或登记，如有误记，不得涂、描、刮等，将误记内容用横线划去，正确内容写在划改数据的旁边，并应有更改人签字。存在问题应另行说明。

5　测试条件

5.1　技术材料

被试产品应提供下述技术材料：

a)技术手册和使用说明书，必要时还应提供维修手册等，内容应包括系统原理图及详实的文字说明；

b)被试方质量检验部门或有测试资质的单位出具的产品检验、测试材料或报告；

c)进口产品应附有进口许可批准文件、检验检疫证明及相关材料；

d)必要时，还应提供用户使用报告。

测试方对上述技术文件逐一审核，符合要求后，方可正式进入测试程序。

5.2　实验室环境条件

5.2.1　实验室自然环境条件至少应符合以下要求：

a)气温：15 ℃～35 ℃；

b)气压：550 hPa～1060 hPa；

c)相对湿度：5%RH～90%RH。

5.2.2　根据不同的被试产品，要求实验室不应有影响测试的干扰源，如电磁、动力和噪音等。

5.2.3　若没有特殊要求，室内测试应在实验室自然环境条件下进行，应监测和记录测试时的环境条件。

5.2.4　若某项环境条件对测量结果有明显影响，可对该项进行控制，其他项目采用实验室自然环境条件。

5.3　外场测试要求

5.3.1　要求在室外工作的被试产品或被试产品的室外工作部分,应进行外场测试。

5.3.2　外场测试环境条件采用当时的室外自然环境条件,其周围物体和人为因素不应对测量结果有明显影响,也不应有影响被试产品正常工作的干扰源。

5.3.3　拟在全国气象观测网使用的(或需要组网使用的)被试产品应在至少两个不同气候特点的区域进行测试(单站或组网测试、业务试用等),每个不同气候区域连续测试至少三个月,且必须满足有关标准或规定的可靠性要求。季节性使用的被试产品应在相应的季节测试。对于用于特殊地区的被试产品和一次性观测设备应在一个或以上相应的区域进行。被试产品技术指标有明确规定的按照规定要求进行。

5.4　标准器、测试设备和外场测试参考标准

5.4.1　实验室测试所用标准器、测试设备和外场测试参考标准等应有有效的检定证书或检测证书。

5.4.2　若测量目的是要得到被试产品的系统误差,则实验室测试用的标准器、测试设备等所造成的附加误差应不超过被试产品最大允许误差的 1/10;若测量的目的是要得到被试产品的随机误差,则该附加误差应不超过被试产品最大允许误差的 1/3。

5.4.3　用于外场测试的参考标准应满足 5.4.2 要求。若不能满足要求,可使用高于被试仪器等级的同类测量仪器,也可采用世界气象组织推荐的或相关部门认可的仪器作为参考,或使用多台与被试仪器属于同一准确度等级的同类仪器所得观测值的平均值作为参考。

5.4.4　若没有符合 5.4.3 要求的外场测试参考标准,由测试组会同相关专家确定参考标准并报气象主管机构备案。

5.4.5　如被试产品准备并入气象观测网并替代之,则应以气象观测

网的同类观测仪器为参考进行比对，以得到与气象观测网的可比较性结果。

6 被试产品样本量

6.1 大型设备（如天气雷达）提供 1 台或以上，其余被试产品（含探空的地面设备）均应提供至少 3 台。一次性观测设备（如探空仪）则应根据测试需要增加被试产品的数量。

6.2 当需要从一批被试产品中抽取部分产品进行测试时，应由测试方抽样确定被试产品，可采用随机数法，也可采用抽签法。

7 测试方案

7.1 遵照 4.2.2，根据被试产品的有关标准或规定的技术要求，编制测试方案（包括工作方案和测试大纲），主要包括测试项目和方法，测试所用标准器和测试设备，数据处理方法和合格评定准则等。

7.2 凡有关标准或规定的技术要求中规定的项目，原则上都应成为测试的项目。如有不进行测试或增加的项目，应在方案中说明。

7.3 每项测试必须提供测试方法。具有测量误差要求的测试项目应说明采用的标准器、测试设备、测试条件、测试点及各测试点录取数据的样本量和方法等。

7.4 明确外场测试的项目及相关的指标要求，并给出评定方法。

7.5 委托其他单位测试的项目，应在方案中说明。

7.6 若现有条件不满足的，应在方案中提出并拟定解决方案。

8 交接检查

8.1 基本要求

8.1.1 交接检查测试方和被试方都在场，在测试方确认被试产品能够正常工作时由被试方交付测试方，交付后应由测试方负责保管，并作好交接记录。可调整部位应做加封处理。

8.1.2 交付后,可使用原来的被试产品编号,也可对被试产品重新编号。

8.2 外观和结构检查

8.2.1 外观和结构检查主要采用目测或手动的方法,必要时可使用工具。

8.2.2 外观检查主要检查被试产品的表面状况和标志。表面状况主要包括表面涂层的牢固、均匀程度,有无脱漆、划痕、凹坑、裂纹、锈蚀等缺陷,密封是否良好、有无水汽凝结现象,部件、配件、零件是否齐全。标志置于被试产品明显处,应有商标、产品型号和名称、制造厂名、制造日期或产品序列号等内容。必要时,还应检查被试产品的包装。

8.2.3 机械结构检查的重点是被试产品整体有无机械变形、断裂、弯曲等。

8.2.4 对于转动部件,检查其转动是否灵活,有无阻塞、卡滞等现象。

8.2.5 检查结果应记录并直接列入测试报告中。若检查结果不符合要求,但不影响主要技术性能,应提出修改建议。

8.3 成套性检查

8.3.1 被试产品主机、传感器、配套件、附属设备、随机材料等是否符合有关规定;

8.3.2 技术材料是否符合要求;

8.3.3 必要的维护维修工具和必须的消耗材料。

9 测试流程及要求

9.1 测试项目与流程

完成交接检查后,可按下述项目和流程进行:

a)功能检查

b)电气性能测试

c)测量性能测试(初测)

通常包括但不限于以下内容:测量范围、最大允许误差、分辨力、时间常数、迟滞、阻尼、频率、发射功率、接收灵敏度、天线增益、波瓣宽度、噪声系数和带宽等主要技术参数测试。

d)环境适应性

通常包括但不限于以下内容:气候环境,机械环境和电磁兼容等测试。

e)外场测试

通常包括但不限于以下内容:现场安装、调试与试运行,测试正式开始后,应测试和确认应用软件、观测方法、操作方法、数据录取、数据传输、计算方法的正确性和可操作性。同时进行阶段性测试数据的分析等。

f)测量性能测试(复测)

g)数据处理与分析、结果与评定

h)编写测试报告

i)测试结束,资料整理归档

9.2 要求

9.2.1 通常按照测试方案和 9.1 所列项目依次进行。根据需要,9.1 中的 a)～d)的顺序可作调整,但必须在这些项目进行完毕并符合要求后,方可开始 e)项外场测试工作。

9.2.2 9.1 中 c)和 f)测量性能中的最大允许误差等技术指标应用已溯源的符合准确度等级的参考标准进行测试,也可由授权的计量检定机构按照测试方案进行测试。

9.2.3 9.1 中 d)项环境适应性,必要时,可增加生物条件试验和化学条件试验。环境适应性可以抽取其中 1 台被试产品进行。

9.2.4 9.1 中 e)外场测试,首先应现场安装、调试正常后进行试运行,试运行时间通常在3天以内。对于探空仪的施放测试,则是先试放3次进行检查调试,如为大型设备可适当延长。如期间发生了严重问题,又不能在试运行期间或试放时间内解决的,则终止测试。

9.2.5 9.1中e)在外场测试开始后,通常需要分阶段(按月或按季)给出阶段性测试数据分析,探空仪施放测试除外。阶段性分析内容主要为数据的完整性、准确性,设备运行的稳定性、可靠性、自然环境适应性,相同型号仪器测量结果的一致性和与气象观测网的可比较性等。

9.2.6 一次性使用的仪器不进行f)测量性能测试(复测)。

9.2.7 9.1中f)测量性能测试(复测)只对测量性能中与稳定性有关的项目进行复测。在没有得到重新维护情况下,进行环境污染腐蚀情况检查和测试,然后维护后再进行检查和测试。判定稳定性技术指标。复测的方法和条件与初测的应保持一致,复测结果不允许修正。

9.3 终止测试

出现下述情况之一应终止测试工作:

a)主要功能检查不合格;

b)测量性能测试结果不合格;

c)环境适应性结果不合格;

d)测试中出现致命缺陷或致命故障;

e)发现被试产品有影响观测和危及人身或环境安全的缺陷。

f)被试方未经允许,擅自调试修改测试中的被试产品。

如果终止测试,测试方书面通知被试方。

10 数据处理

10.1 数据质量控制

10.1.1 在统计计算前,应剔除测量结果中的异常值。

10.1.2 对于参考标准和被试产品，无论测量数据是否异常，在下述情况得到的数据都应进行剔除：

a)非正常工作或操作不当时的数据；

b)经确认受到人为干扰的数据；

c)测试环境不符合测试条件要求时录取的数据；

d)其他不正常因素干扰的数据。

注：对于异常值，原始记录不可剔除，只作出标记。数据处理时应予以剔除，并记录剔除原因。

10.2 数据处理

10.2.1 对已经过质量控制的数据进行统计处理。

10.2.2 在进行数据统计前应首先计算差值，参考 GJB 6556.8。差值应采用同一时次的数据进行计算。同类被试产品不同测量要素的各组差值计算前后顺序应相同。差值 X 按式(1)计算：

$$X = A - A_0 \tag{1}$$

式中，A 为被试产品的测量结果，A_0 为标准器的测量值。

10.2.3 通常采用批统计的方法直接计算系统误差和标准偏差，若遇特殊要求，参照相关技术规定另行约定。

10.2.4 对于正态分布，系统误差(平均值)$\overline{X}$ 用式(2)计算，标准偏差 s 用式(3)计算。

$$\overline{X} = \frac{\sum_{i=1}^{n} X_i}{n} \tag{2}$$

$$s = \sqrt{\frac{\sum_{i=1}^{n} (X_i - \overline{X})^2}{n-1}} \tag{3}$$

式中，X_i 为各次测量所得差值，n 为测量次数 $n \geqslant 10$，$i = 1, 2, 3 \cdots\cdots, n (n \geqslant 10)$。

统计过程中，用 3 倍标准偏差法剔除粗大误差。

11 结果评定与判定

11.1 被试产品合格与否，评定的依据是测试项目结果是否符合有关标准或规定的技术要求。

11.2 评定项目包括 9.1 项中 b）～h）的各个项目。外场测试还应包括现场安装、观测方法、操作方法、数据传输、计算方法的正确性和可操作性，以及数据的处理与分析，即数据的完整性、准确性，设备运行的稳定性、可靠性、相同型号仪器测量结果的一致性和与业务站网的可比较性等。

11.3 环境适应性、测量性能初测与复测、外场测试得出的数据完整性、准确性，设备运行的稳定性、可靠性有一项不合格，应判定为被试产品的整体性能不合格。

11.4 自然环境适应性、相同型号被试产品测量结果的一致性和与业务站网的可比性应根据具体问题具体分析，给出合理判定。

12 测试报告

12.1 凡在测试方案中规定的测试项目，都必须进行检查、测试或试验，并提供测试结果或测试报告，报告内容应全面、具体、客观。

12.2 测试报告的基本信息通常包括但不仅限于：

——被试产品信息（名称、型号、商标、照片等）；

——被试方信息（名称、地址等）；

——取样信息（取样方式、数量及编号、地点、日期等）；

——实施时间与地点；

——测试依据；

——测试说明（项目、选用的标准及设备、测试与方法等）；

——结果评定；

——判定结论；

——参试人员。

12.3　若报告内容过多,可将基本信息、测试结果和结论编入主报告,具体测试方法、数据处理过程、分项测试报告或测试记录等可作为测试报告的附件。

12.4　下述测试结果、资料和必要的说明应列入报告:

a)重要技术指标的测试方法;

b)重要数据的计算方法;

c)测试中所发生故障的分析、说明和权重的大小;

d)由于某种原因没有进行测试的项目;

e)不合格的测试项目,必要时,应做不合格项目的不合格原因分析。

12.5　通过外场测试,应给出10.2所列项目的分析,最后应给出被试产品的综合评定和结论。

12.6　编写测试报告,对所有进行的检查、测试的数据和结果都应有评价和结果判断,明确给出是否通过测试的结论。可将所有结果汇总并编写测试报告,各阶段的测试数据分析材料可作为测试报告的附件。

13　资料的整理归档

13.1　内容

应包括测试过程中的全部技术资料和原始数据资料的整理与归档。

13.2　技术资料归档

与测试有关的所有技术文件资料(含纸质、电子版)均需归档留存。包括:申请受理气象专用技术装备使用许可技术材料及其审查报告、测试方案、测试过程的大事记、检查测试的原始记录、测试报告、历次专家咨询论证评审意见和专家组名单等。整理人员应编写档案目录、装订成册、签名并送交部门归档保存。

13.3 原始数据资料储存

测试过程中所有的原始数据、记录以及计算、整理、校对(含纸质、电子版)等,均应有相关人员签字,归档保存。

第二部分　环境适应性

1　范围

本部分规定了气象观测设备测试环境适应性的要求，包括低温试验、高温试验、温度变化试验、交变湿热试验、低温/低气压综合试验、淋雨试验、盐雾试验、沙尘试验、宽带随机振动试验、冲击试验、自由跌落试验、静电放电抗扰度试验、电快速瞬变脉冲群抗扰度试验、浪涌(冲击)抗扰度试验、射频场感应的传导骚扰抗扰度试验、射频电磁场辐射抗扰度试验、电源试验以及恶劣自然环境试验等。

本部分适用于气象观测设备(暂不包括气象卫星及人工影响天气作业设备)的测试评估，所涉及的仪器和设备可以是整机、系统、传感器和部件等。

2　规范性引用文件

下列文件对于本文件的应用是必不可少的。凡是注日期的引用文件，仅所注日期的版本适用于本文件。凡是不注日期的引用文件，其最新版本(包括所有的修改单)适用于本文件。

GB/T 2421.1　电工电子产品环境试验　概述和指南

GB/T 2423.1　电工电子产品环境试验　第 2 部分：试验方法　试验 A：低温

GB/T 2423.2　电工电子产品环境试验　第 2 部分：试验方法　试验 B：高温

GB/T 2423.4　电工电子产品环境试验　第 2 部分：试验方法　试验 Db：交变湿热(12 h+12 h 循环)

GB/T 2423.5　电工电子产品环境试验　第2部分:试验方法　试验 Ea 和导则:冲击

GB/T 2423.8　电工电子产品环境试验　第2部分:试验方法　试验 Ed:自由跌落

GB/T 2423.10　电工电子产品环境试验　第2部分:试验方法　试验 Fc:振动(正弦)

GB/T 2423.17　电工电子产品环境试验　第2部分:试验方法　试验 Ka:盐雾

GB/T 2423.18　电工电子产品环境试验　第2部分:试验方法　试验 Kb:盐雾,交变(氯化钠溶液)

GB/T 2423.22　电工电子产品环境试验　第2部分:试验方法　试验 N:温度变化

GB/T 2423.25　电工电子产品环境试验　第2部分:试验方法　试验 Z/AM:低温/低气压综合试验

GB/T 2423.37　电工电子产品环境试验　第2部分:试验方法　试验 L:沙尘试验

GB/T 2423.38　电工电子产品环境试验　第2部分:试验方法　试验 R:水试验方法和导则

GB/T 2423.43　电工电子产品环境试验　第2部分:试验方法　振动、冲击和类似动力学试验样品的安装

GB/T 2423.56　电工电子产品环境试验　第2部分:试验方法　试验 Fh:宽带随机振动(数字控制)和导则

GB/T 2424.13　电工电子产品环境试验　第2部分:试验方法　温度变化试验导则

GB 4208　外壳防护等级(IP 代码)

GJB 6556.6　军用气象装备定型试验方法　第六部分:环境适应性

GB/T 11804　电工电子产品环境条件　术语

GB/T 17626.2　电磁兼容　试验和测量技术　静电放电抗扰

度试验

GB/T 17626.3　电磁兼容　试验和测量技术　射频电磁场辐射抗扰度试验

GB/T 17626.4　电磁兼容　试验和测量技术　电快速瞬变脉冲群抗扰度试验

GB/T 17626.5　电磁兼容　试验和测量技术　浪涌(冲击)抗扰度试验

GB/T 17626.6　电磁兼容　试验和测量技术　射频场感应的传导骚扰抗扰度试验

GB/T 17626.11　电磁兼容　试验和测量技术　电压暂降短时中断和电压变化的抗扰度试验

GB/T 17626.29　电磁兼容　试验和测量技术　直流电源输入端口电压暂降、短时中断和电压变化的抗扰度试验

3　要求

3.1　试验项目

3.1.1　为尽快获得被试产品的环境适应性的试验结果,应首先进行特别严酷的环境,以尽早暴露可能引起的损坏。

3.1.2　为尽可能获得更多试验数据的试验,应从最不严酷的试验开始,把破坏性试验放在最后。

3.1.3　可根据有关标准或规定的技术要求选用适用的试验项目或增加试验项目以及调整严酷等级。

3.1.4　按照3.1.1要求拟进行试验时,根据产品对各种环境适应性的特性进行。

3.1.5　对于3.1.2,环境适应性项目按下述顺序依次进行:

a)气候环境(低温试验、高温试验、温度变化试验、交变湿热试验、低温/低气压综合试验、淋雨试验、盐雾试验、沙尘试验)。

b)机械环境(宽带随机振动试验、冲击试验、自由跌落试验)。

c)电磁兼容(静电放电抗扰度试验、电快速瞬变脉冲群抗扰度试验、浪涌(冲击)抗扰度试验、射频场感应的传导骚扰抗扰度试验、射频电磁场辐射抗扰度试验、电源试验)。

d)恶劣自然环境试验。

3.2 试验流程

3.2.1 预处理

试验前应进行预处理及检查,确认被试产品是否正常或前一项试验的不良影响已消除,否则应进行相关的处理工作,消除被试产品以前经历的效应。

3.2.2 初始检测

a)外观检查

目测外观,应无损伤。

b)机械性能检查

紧固件应无松脱,可运动机械零部件的运动应无异常。

c)电气性能和功能、测量性能检查

通电检查,使被试产品处于正常工作状态。改变被试产品的输入,观察示值(输出)的变化,根据其变化方向和示值是否属于正常工作状态的量值,判断其工作的正常与否。有信号传输功能的,应用终端或其他接收设备接收其信号,通过人机操作判断其工作正常与否。通常检查其主要电气参数和工作特性,必要时也可进行实际操作检查。若评估环境应力对被试产品测量性能的影响,通常应与标准器进行比对。

3.2.3 条件试验

按照试验要求进行环境适应性试验。

3.2.4 中间检测

根据试验项目特殊性可选择在试验过程中增加中间检测。

3.2.5 最后检测

试验结束,待被试产品恢复稳定后进行最后检测,主要检测内容同初始检测,可不限于初始检测的内容。

4 试验内容与方法

4.1 低温试验

4.1.1 试验目的

测试评估被试产品在低温环境条件下工作、贮存或运输的适应性。

4.1.2 选用的试验标准

GB/T 2423.1 的规定适用于本部分。

本部分规定了通常情况下选用“试验 Ad 温度渐变”。

4.1.3 严酷等级

严酷等级通常按照被试产品的有关标准或规定的技术要求规定,没有规定的按本部分规定。

a)试验温度

——室内工作的被试产品

工作范围低温极限值:-10 ℃;贮存或运输条件低温极限值:-55 ℃。

——室外工作的被试产品

工作范围低温极限值:-40 ℃;贮存或运输条件低温极限值:-55 ℃。

b)持续时间

工作范围试验:试验设备内的温度达到规定值后,被试产品与环境温度达到平衡的时间由表1确定;

贮存或运输条件试验:24 h。

4.1.4 温度变化速率

试验设备内降温速率不大于1 ℃/min,且箱内的温度梯度应不超过1 ℃/m。从一个循环到另一个循环或试验结束后不应立即打开箱门,可采用内部加热或自由升温的方法使被试产品的温度与实验室的环境温度达到平衡。升温速率不应超过5 ℃/min。

4.1.5 被试产品布置和工作状态

体积和重量允许时,应将成套被试产品放入试验设备内。过大或过重时,可将核心部件和对低温敏感的部件放入试验设备内。仍无法放入时,应分若干次进行试验。若被试产品使用时是安装在特定的装置中,试验时应使用这些装置。安装方面无特定要求的,可将被试产品平放在试验设备内。

规定工作范围低温试验时,被试产品通电。贮存或运输条件低温试验时,被试产品不通电。

4.1.6 试验方法

规定工作范围低温条件试验宜与贮存或运输低温条件试验一次进行。

将被试产品放入试验设备,并按工作状态或检测状态的要求连接,然后进行温度调节。

当温度降到规定试验温度,应给以时间使被试产品达到温度稳定。温度稳定后方可计算持续时间。当难以测量被试产品的内部温度时,可用重量法估算温度稳定所需的时间,见表1。

表 1　被试产品重量与温度稳定时间的关系

被试产品的重量 m/kg	温度稳定所需的时间/h	被试产品的重量 m/kg	温度稳定所需的时间/h
$m \leqslant 1$	0.5	$15 < m \leqslant 150$	4
$1 < m \leqslant 10$	1	$150 < m \leqslant 200$	6
$10 < m \leqslant 15$	2	$m > 200$	8

被试产品在规定工作范围低温极限值上达到温度稳定后通电，并进行中间检测。工作范围低温试验后断电，继续进行贮存或运输条件试验。

按照规定，应进行中间检测。对于这种检测，被试产品不应移出试验设备，检测方法同初始检测。无法改变被试产品输入的，只记录被试产品输出值。

试验设备温度升到周围环境温度后，应将被试产品留置 1 h 再移出，应进行最后检测。

4.2　高温试验

4.2.1　试验目的

测试评估被试产品在高温环境条件下工作、贮存或运输的适应性。

4.2.2　选用的试验标准

GB/T 2423.2 的规定适用于本部分。

本部分规定通常选用“试验 Bd 温度渐变”。

4.2.3　严酷等级

严酷等级通常按照被试产品有关标准或规定的技术要求，没有规定的由本部分规定。

a)试验温度

室内工作的被试产品

工作范围高温极限值:40 ℃;

贮存或运输条件高温极限值:60 ℃。

室外工作的被试产品

工作范围高温极限值:50 ℃;

贮存或运输条件高温极限值:60 ℃。

b)持续时间

工作范围试验:试验设备内的温度达到规定值后,被试产品与环境温度达到平衡的时间由表 1 确定;

贮存或运输条件试验:24 h。

4.2.4 温度变化速率

升温速率不大于 2 ℃/min,试验结束后,应使箱内自然降温。

4.2.5 被试产品布置和工作状态

体积和重量允许时,应将成套被试产品放入试验设备内。过大或过重时,可将核心部件(通常指带有微处理器的数据采集和处理部件)和对高温敏感的部件放入试验设备内。仍无法放入时,应分若干次进行试验。应配置检测时不可缺少的部件,如电源、显示器或信号接收器等,使试验中可进行检测。若被试产品使用时是安装在特定的装置中,试验时应使用这些装置。安装方面无特定要求的,可将被试产品平放在试验设备内。

工作范围高温试验时,被试产品通电。贮存或运输条件高温试验时,被试产品不通电。

4.2.6 试验方法

规定工作范围高温条件试验宜与贮存或运输条件高温试验一次

进行。

将被试产品放入试验设备，并按工作状态或检测状态的要求连接，然后进行温度调节。

当温度升到规定试验温度，应给以时间使被试产品达到温度稳定。温度稳定后方可计算持续时间。当难以测量被试产品的内部温度时，可用重量法估算温度稳定所需的时间。表 1 给出了被试产品重量与温度稳定时间的关系，按表 1 确定温度稳定所需的时间。

被试产品在规定工作范围高温极限值上达到温度稳定后通电，并进行中间检测。工作范围高温试验后断电，继续进行贮存或运输条件试验。

按照规定，应进行中间检测。对于这种检测，被试产品不应移出试验箱，检测方法同初始检测。无法改变被试产品输入的，只记录被试产品输出值。

试验箱温度降到周围环境温度后，应将被试产品留置 1 h 再移出，应进行最后检测。

4.3　温度变化试验

4.3.1　试验目的

测试评估被试产品对环境温度变化的适应能力和在温度变化期间其测量性能受到的影响。

4.3.2　选用的试验标准

GB/T 2423.22 的规定适用于本部分。

本部分选用“试验 Nb：规定温度变化速率的温度变化”。

4.3.3　严酷等级

严酷等级通常按照被试产品有关标准或规定的技术要求，没有规定的由本部分规定。

低温温度值:同低温试验严酷等级中的规定工作范围低温极限值−40 ℃;

高温温度值:同高温试验严酷等级中的规定工作范围高温极限值 50 ℃。

4.3.4 温度变化速率

除非另有规定,试验箱的温度升温变化速率应按(1±0.2)℃/min、(3±0.6)℃/min 或(5±1)℃/min 选择。

有关温度梯度与被试产品的质量和温度时间常数之间关系的说明,见 GB/T 2424.13。

4.3.5 被试产品布置和工作状态

体积和重量允许时,应将成套被试产品放入试验设备内。过大或过重时,可将核心部件(通常指带有微处理器的数据采集和处理部件)和对高温敏感的部件放入试验设备内。仍无法放入时,应分若干次进行试验。应配置检测时不可缺少的部件,如电源、显示器或信号接收器等,使试验中可进行检测。若被试产品使用时是安装在特定的装置中,试验时应使用这些装置。安装方面无特定要求的,可将被试产品平放在试验设备内。

被试产品通常处于通电正常工作状态下。

4.3.6 试验方法

将处于实验室温度下的被试产品,放入相同温度的试验箱内。然后使试验箱的温度按规定降温速率降到规定的低温。

两个温度各自暴露时间取决于被试产品的热容量。按相关规范规定为 3 h、2h、1 h、30 min 或 10 min。若相关技术要求没有规定暴露时间,则认为是 3 h。

试验箱温度达到稳定后,被试产品暴露在低温条件下保持试验规定的时间。然后将试验温度按规定的升温速率升到规定的高温。

试验箱温度达到稳定后，被试产品暴露在高温条件下保持试验规定的时间。然后将试验温度按规定的降温速率降低到实验室环境温度值。这个程序构成一个循环。

除非相关规范另有规定，被试产品应经受两次连续循环。

被试产品从试验箱中取出前，应使其在实验室环境温度下达到温度稳定。

试验结束后，被试产品在室内正常条件下恢复，然后进行最后检测。

4.4 交变湿热试验

4.4.1 试验目的

测试评估被试产品在高湿度与温度循环变化组合且通常会在被试产品表面产生凝露的条件下工作、运输或贮存的适应性。如果本试验用于检验带包装被试产品在运输或贮存过程中的性能时，应带包装一起进行试验。

4.4.2 选用的试验标准

GB/T 2423.4 的规定适用于本部分。

4.4.3 严酷等级

严酷等级通常按照被试产品有关标准或规定的技术要求，没有规定的由本部分规定。

湿热工作：高温高湿：40 ℃，90％RH；低温高湿：21 ℃，95％RH；

湿热贮存：高温高湿：55 ℃，95％RH；低温高湿：30 ℃，95％RH。

24 h 为一个循环；

循环次数：3。前 2 个循环为湿热工作，后 1 个循环为湿热贮存。

4.4.4 被试产品布置和工作状态

体积和重量允许时,应将成套被试产品放入试验设备内。过大或过重时,可将核心部件(通常指带有微处理器的数据采集和处理部件)和对湿热敏感的部件放入试验设备内。仍无法放入时,应分若干次进行试验。应配置检测时不可缺少的部件,如电源、显示器或信号接收器等,使试验中可进行检测。

若被试产品使用时是安装在特定的装置中,试验时应使用这些装置。安装方面无特定要求的,可将被试产品平放在试验设备内。

湿热工作试验期间,被试产品通电;湿热贮存试验期间,被试产品不通电。

4.4.5 改变温度、湿度方法

试验箱中应能保持空气流动,工作空间气流速度应为 0.5 m/s～2 m/s。

交变湿热试验在进行温度、湿度转换时,应先增温后加湿,或先降湿后降温,以避免水汽凝结。

4.4.6 试验方法

温度容差:总的温度容差±2 ℃或±3 ℃,是考虑到了测量的绝对误差、温度的缓慢变化以及工作空间内的温度变化而确定的。但是,为了维持相对湿度在规定的容差范围内,在任意时刻工作空间内任何两点之间的温度差必须维持在一个较小的范围内。如果温度差超过 1 ℃,湿度条件就达不到要求。为了维持规定的湿度,温度短时波动应维持在±0.5 ℃。

被试产品的温度应稳定在 25 ℃±3 ℃(GB/T 2421.1 中给出了温度稳定的定义)。通过以下方法达到稳定:

a)在把被试产品放入试验箱之前,先把被试产品放置在另一个箱子里,或者:

b)把被试产品放入试验箱之后，将箱温调至 25 ℃±3 ℃，并保持到该被试产品达到温度稳定为止。

不论采取何种方法，达到温度稳定期间，其相对湿度必须在规定的试验用的标准大气条件的限值内。

被试产品在试验箱内稳定之后，箱内的相对湿度应升到不小于 95%，升湿速率不应超过 5%RH/min，环境温度为 25 ℃±3 ℃。

箱内温度应升到规定的合适高温值。在 3 h±30 min 之内应该达到高温，其温升速率应符合规定。该阶段的相对湿度应不小于 95%，最后 15 min 内的相对湿度应不小于 90%。

在上升温度阶段，被试产品上可能出现凝露。

注：出现凝露条件意味着被试产品表面温度在箱内露点温度之下。

温度应保持在规定的高温限值±2 ℃内，直至从循环开始的 12 h±30 min 为止。本阶段的最初和最后 15 min 内，相对湿度应当在 90%～100%，其余时间相对湿度应在(93±3)%。

温度可按照以下给定的两种方法中的一种降低：

方法 1：温度应在 3 h～6 h 内降到 25 ℃±3 ℃。在最初 1.5 h 的降温速率应在 3 h±15 min 内温度达到 25 ℃±3 ℃。在最初 15 min相对湿度应不小于 90%外，其余时间的相对湿度应不小于 95%。

注：开始 90 min，温度下降速率应当严格控制，相对湿度应不小于 95%，除了开始的 15 min 不低于 90%以外。该方法要求特制的试验箱。

方法 2：温度应在 3 h～6 h 内降到 25 ℃±3 ℃。但没有方法 1 中最初 1.5 h 的附加要求。相对湿度应不小于 80%。

温度应保持在 25 ℃±3 ℃，同时相对湿度不小于 95%，直至 24 h一个循环结束。

在第一个循环开始后 3 h，即箱内温度已达上限时，进行第一次中间检测。以后，每隔 24 h 进行一次中间检测，检测方法同初始检测。无法通过传感器改变被试产品输入的，只记录被试产品示值。

留在湿热箱中进行恢复，在 1 h 内将相对湿度降到(75±2)%，在另外的 1 h 将温度调整到实验室温度,然后再留置 1 h,共 3 h。应进行最后检测。

4.5 低温/低气压综合试验

4.5.1 试验目的

测试评估被试产品在低温、低气压综合环境条件下工作或贮存的适应性。

4.5.2 选用的试验标准

GB/T 2423.25 的规定适用于本部分。

通常在低温试验合格后再进行低温低气压综合试验。

4.5.3 严酷等级

严酷等级通常按照被试产品有关标准或规定的技术要求,没有规定的由本部分规定。

试验温度:−40 ℃;

试验气压:550 hPa;

持续暴露时间:1 h。

4.5.4 被试产品布置和工作状态

体积和重量允许时,应将成套被试产品放入试验设备内。过大或过重时,可将核心部件(通常指带有微处理器的数据采集和处理部件)和对低温低气压敏感的部件放入试验设备内。仍无法放入时,应分若干次进行试验。应配置检测时不可缺少的部件,如电源、显示器或信号接收器等,使试验中可进行检测。若被试产品使用时是安装在特定的装置中,试验时应使用这些装置。安装方面无特定要求的,可将被试产品平放在试验设备内。

试验期间,需要检测时(持续暴露时间下),被试产品通电,检测结束后断电。

4.5.5 试验方法

以不超过 1 ℃/min 的速率将试验箱内温度调到符合严酷等级的试验温度，并使被试产品在此温度下达到温度平衡。

以不超过 10 hPa/min 的升降压速率将试验箱内压力降到符合严酷等级的试验值。保持此温度和压力条件到规定的时间。

在升降压过程中，被试产品应断电。气压恢复前切断电源或卸去负载。试验箱内压力以不超过 10 kPa/min 的速率恢复至正常值，压力升高期间不要求温度控制。被试产品保留在试验箱内，试验箱温度以不超过 1 ℃/min 的速率逐渐升高至试验标准大气条件的温度范围。

在试验设备温度已降到规定的试验温度且已经稳定和即将降低试验气压的时间点上，应进行第一次中间检测，低温/低气压暴露到规定时间后应进行第二次中间检测。在低气压时间的最后 1 h 期间，按相关要求进行中间检测。检测方法同初始检测。无法通过传感器改变被试产品输入的，只记录被试产品示值。

试验箱温度升到周围环境温度、试验箱气压升到周围环境气压后，应将被试产品留置 1 h 再移出。应进行最后检测。对于由弹性元件制成的传感器，应在室内正常条件下稳定 48 h 再进行性能测试。

4.6 淋雨试验

4.6.1 试验目的

测试评估被试产品在可能遭到淋水条件下工作、贮存或运输的适应性及其防雨性能。

4.6.2 选用的试验标准

GB 4208 外壳防护等级(IP 代码)和 GB/T 2423.38 的相关试验

方法和规定适用于本部分。

4.6.3 严酷等级

严酷等级通常按照被试产品有关标准或规定的技术要求,没有规定的由本部分规定。

用符合要求的喷头直接喷水。喷头的网面上每 1 cm^2 应有 2 个直径为 1 mm 的孔,水作用在喷头上的压力应不小于 375 kPa,雨滴直径 0.5 mm～4.5 mm,降水强度应不小于 100 mm/h,不大于 150 mm/h,也可用不同降水强度进行试验。

淋雨持续时间:每个方向上 10 min。

4.6.4 被试产品布置和工作状态

淋雨试验适用于被试产品中要求防止水进入的部件,通常指安装于室外的部件。

应用原有的安装结构或新设计的安装结构将被试部件按现场安装状态固定在试验台上,安装于室内的部件应远离淋雨试验设备,利用长电缆连接。应配置可用于检测的部件,如电源、显示器或信号接收器等,使试验时可检测。对 220 V 交流供电的被试产品,应在供电电源处加装触电保护器。

单台被试产品中有多个部件需要淋雨试验的,可分别进行。

被试产品应通电。并按接地的要求进行接地或不接地。应特别注意试验前箱体内不能有水渍。

4.6.5 试验方法

被试产品应接通电源并一直处于正常工作状态。

开始时垂直向下喷水 10 min,然后改用和原来方向成 15°角,对每一需要试验测试的部位各喷 10 min。如果被试产品四周各部位都应进行试验测试,则应选每 45°为一淋雨方向各喷 10 min。

试验时,人员应远离被试设备和电源电缆。

淋雨试验结束后应抹去箱体表面的残留水，从试验设备上移出，再次擦干表面。

淋雨试验后无需专门的恢复时间。应进行最后检测，首先打开箱体，检查有无渗漏。

4.7　盐雾试验

4.7.1　试验目的

测试评估被试产品在盐雾环境中的耐蚀性，主要是被试产品中的金属及其合金、金属覆盖层、有机覆盖层、阳极氧化膜等材质及其表面处理之耐蚀性。

4.7.2　选用的试验标准

GB/T 2423.17 和 GB/T 2423.18 的规定适用于本部分。

4.7.3　严酷等级

严酷等级通常按照被试产品有关标准或规定的技术要求，没有规定的由本部分规定。

试验周期：48 h。

4.7.4　被试产品布置和工作状态

本部分规定应选取被试产品内有涂料、电镀、无机及有机膜、阳极处理、防锈油等防蚀处理的零件，以及虽无表面处理但材质本身存疑盐雾腐蚀的零件进行盐雾试验。被试产品应具有代表性，即每种金属材料的每种涂覆均应有一件被试产品参与试验，被试产品数量较多时，可分批试验。被试产品应清洗并烘干，试验前应尽量避免用手接触被试产品表面。被试产品在盐雾环境中通电工作为 1 h。

4.7.5 试验方法

根据相关规范,被试产品应按使用状态进行试验。

被试产品之间不应有接触,也不能与其他金属部件接触。

注:被试产品在试验箱内的位置(即被试产品表面跟竖直平面的倾斜角)非常重要,很小的位置上差别可能会导致较大的结果差别,取决于被试产品的形状。

试验箱的温度应维持在(35±2)℃。

所有的暴露区域都应维持盐雾条件,用面积为 80 cm^2 的器皿在暴露区域的任何一点连续收集至少 16 h 的雾化沉积溶液,平均每小时收集量在 1.0 mL～2.0 mL 之间,至少应采用两个收集器皿,器皿放置的位置不应受被试产品的遮挡,以避免收集到被试产品上凝结的溶液,器皿内的溶液可用于测试浓度和 pH 值。

溶液的收集可按照规定在试验前或者试验中进行。按照上述收集到的溶液,在(35±2)℃测量时,浓度和 pH 值应分别符合下列要求:

浓度:试验所用的盐应当是高质量的氯化钠,干燥时,碘化钠的含量不超过 0.1%,杂质的总含量不超过 0.3%。盐溶液的浓度应为(5±1)%(质量比)。

溶液的制备:将质量为(5±1)份的盐溶解在质量为 95 份的蒸馏水或去离子水中。

pH 值:温度为(35±2)℃时,溶液的 pH 值应在 6.5～7.2 内。

试验时,pH 值应维持在该范围内。在保持氯化钠浓度的前提下,可以使用盐酸或氢氧化钠调节 pH 值。每一批新配置的溶液都应测量 pH 值。

浓度和 pH 值的测量应当在下列时间进行:

a)对于连续使用的试验箱,每次试验后都应对试验过程中收集到的溶液进行测量;

b)对于不连续使用的试验箱,在试验开始前应进行 16 h～24 h

的试运行。试运行结束后，在被试产品开始试验之前立即进行测量。为了保证稳定的试验条件，还应按照 a)的规定进行测量。

在试验箱内达到规定的条件后进行中间检测，其余为贮存时间。

试验结束时，被试产品应在自来水下冲洗 5 min，水温不超过 35 ℃，然后用蒸馏水或去离子水冲洗，最后用晃动或气流干燥去掉水滴，在恢复条件下放置 1 h～2 h。冲洗时，不应施加压力。被试产品应进行最后检测。

注：应注意保证剩余盐沉积不能破坏测量结果的重现性。

4.8 沙尘试验

4.8.1 试验目的

测试被试产品在沙尘环境中使用的适应性。通常只测试室外工作的被试产品，不测试室内工作的被试产品。

4.8.2 选用的试验标准

GB/T 2423.37 的规定适用于本部分。

应根据被试产品的应用环境条件选择适用的沙尘试验方法。

本部分通常认为被试产品的设计防护等级为 IP5X，并考虑到沙尘暴应用环境，选用吹沙尘组的“方法 Lc1：循环试验箱”。

4.8.3 严酷等级

严酷等级通常按照被试产品有关标准或规定的技术要求，没有规定的由本部分规定。

a）沙尘类型

粗尘；

b）外壳类型

类型 2；

c）严酷等级

沙尘浓度:10 g/m^3 ± 3 g/m^3;

气流速度:10 m/s ± 1 m/s;

相对湿度应小于 25%,被试产品气压与环境气压相同;

暴露持续时间:2 h。各方向上的时间应相同。

4.8.4 被试产品布置和工作状态

沙尘试验适用于被试产品中有防止沙尘进入要求的部件,通常指安装于室外的部件。

试验时,只将有防尘要求部件放入试验箱,其余部件放在试验箱外。当同类型部件较多时,如有多个采集箱,可选有代表性的部件放入试验箱。仍然无法放入时,应分若干次试验。

应用原有的安装结构或新设计的安装结构将被试部件按现场安装姿态固定在试验台上。

4.8.5 试验方法

试验箱的温度应足够高,确保箱内的相对湿度为 25%或更低。将处于室温下的被试产品在不包装,不通电,准备使用状态下,按照正常使用位置或者根据相关规定放入试验箱。如果包含多个被试产品,应注意被试产品之间不要接触,不要互相遮挡尘。

相关规定可以要求被试产品在试验期间通电或运行。注入沙尘时,开始试验。

在沙尘试验结束前应进行中间检测,检测方法同初始检测。无法通过传感器改变被试产品输入的,只记录被试产品示值。

沙尘试验结束后,被试产品仍然保留在试验箱内直至沙尘全部沉降。

应抹去箱体表面的沙尘,从试验箱中移出,在实验室大气条件下恢复 2 h。

应再次清除被试产品外表面的沙尘,在清洁和恢复过程中,不能振动或翻转被试产品。应进行最后检测,首先打开箱体,检查有无尘侵入。

4.9 宽带随机振动试验

4.9.1 试验目的

测试评估被试产品在运输和使用过程的耐受振动能力、机械薄弱环节和(或)性能下降情况。

4.9.2 选用的试验标准

GB/T 2423.43 和 GB/T 2423.56 的规定适用于本部分。

4.9.3 严酷等级

严酷等级通常按照被试产品有关标准或规定的技术要求,没有规定的由本部分规定。

加速度谱密度为:频率范围 2 Hz~10 Hz,30 m^2/s^3;
频率范围 10 Hz~200 Hz,3 m^2/s^3;
频率范围 200 Hz~500 Hz,1 m^2/s^3。

试验持续时间:3 min。

注:重量超过 100 kg 的大型设备通常不进行振动试验。

4.9.4 被试产品布置和工作状态

体积和重量允许时,应将被试的成套被试产品固定在试验台上。

过大或过重时,可将核心部件(通常指采集数据的设备、分采集数据的设备、数据电路终端设备)固定在试验台上。原则上,单台被试产品只进行一次试验。应配置检测时不可缺少的部件,如电源、显示器或信号接收器等,使试验中可进行检测。

应符合 GB/T 2423.43 的规定。

4.9.5 试验方法

本部分规定了通常选用试验方法,包括:

初始振动响应检查;

试验前用低量值激励进行均衡;

随机振动试验;

最终振动响应检查。

初始响应振动检查,在随机振动之前用正弦振动激励进行振动响应检查。

随机振动试验:

有关规范应选择合适的试验频率范围、加速度谱密度、加速度谱密度谱型和试验时间。若有关规定有要求,为了核实随机输入波的平稳性,在检测点上应按适当的时间间隔进行加速度谱密度和加速度均方根值的多次测量,应记录在试验报告中。

在随机振动试验结束前应进行中间检测,检测方法同初始检测。

在随机振动结束之后用与初始振动响应检查相同的方式、相同的响应点和相同的参数进行最终振动响应检查。

试验结束后,应进行最后检测。

4.10 冲击试验

4.10.1 试验目的

测试评估被试产品的机械薄弱环节和(或)性能下降情况,确定它们在运输和使用过程中承受冲击的能力。

4.10.2 选用的试验标准

GB/T 2423.5 的规定适用于本部分。

GB/T 2423.5 采用经典波形控制试验技术,推荐了半正弦形脉冲、后峰锯齿形脉冲、梯形脉冲,但未给出优先顺序。

4.10.3 严酷等级

严酷等级通常按照被试产品有关标准或规定的技术要求,没有规定的由本部分规定。本部分规定了冲击脉冲波形为半正弦波。

峰值加速度：500 m/s^2；

持续时间：11 ms；

冲击次数：应对被试产品的三个互相垂直方向的每一方向连续施加三次冲击，即共 18 次。

注：重量超过 100 kg 的大型设备通常不进行冲击试验。

4.10.4　被试产品布置和工作状态

体积和重量允许时，应将成套被试产品固定在试验台上。

过大或过重时，可将核心部件（通常指采集数据的设备、分采集数据的设备、数据电路终端设备）固定在试验台上。原则上，单台被试产品只进行一次试验。应配置检测时不可缺少的部件，如电源、显示器或信号接收器等，使试验中可进行检测。

应符合 GB/T 2423.43 的规定。

4.10.5　试验方法

冲击的施加，除另有规定外，应对被试产品的三个互相垂直方向的每一方向连续施加三次冲击，即共 18 次。

当多个相同的被试产品同时试验时，可通过不同方向的安装，以使被试产品能同时承受到上述各轴线和各方向上的冲击。

试验结束，应进行最后检测。

4.11　自由跌落试验

4.11.1　试验目的

测试评估被试产品在搬运期间由于粗暴装卸遭到跌落的适应性。

4.11.2　选用的试验标准

GB/T 2423.8 的规定适用于本部分。通常选用“方法一：自由跌落”。

4.11.3 严酷等级

严酷等级通常按照被试产品有关标准或规定的技术要求,没有规定的按本部分规定执行。

本部分规定带包装的被试产品的跌落高度为:

质量小于 20 kg,1.5 m;

质量位于 20 kg～100 kg 之间,1.0 m;

质量大于 100 kg,0.5 m,或不进行试验。

试验台面为平整的水泥地面或钢板。

4.11.4 试验方法

带包装。对每个包装件进行跌落试验。有专门运输条件规定而不宜进行跌落试验的例外。

上、下、左、右、前、后六个方向上各一次,共六次。

试验结束后,应进行最后检测。

4.12 静电放电抗扰度试验

4.12.1 试验目的

测试评估被试产品遭受静电放电时的抗扰度性能。

4.12.2 选用的试验标准

GB/T 17626.2 的规定适用于本部分。

4.12.3 严酷等级

严酷等级通常按照被试产品有关标准或规定的技术要求,没有规定的由本部分规定。

a)接触放电:4 kV

b)空气放电:4 kV

注:接触放电用于被试产品外壳易触及的金属部分。空气放电用于被试产品易触及的非金属部分。

4.12.4　被试产品布置和工作状态

被试产品按其使用要求布置和连线,并能正常工作。被试产品的安装技术条件,应该与接地系统连接,不允许有其他附加接地线。不同类型的被试产品的技术要求应符合 GB/T 17626.5“7 试验配置”的规定。

4.12.5　试验方法

被试产品应符合实验室配置规定,按台式(接地或不接地)和落地式设备(接地或不接地)进行配置,确定施加放电点,对于放电点一般只选择正常使用时人员可接触到的点和面。试验时静电放电发生器的电极头通常应垂直于被试产品的表面,采用单次放电的方式,每个放电点进行至少 10 次放电。如被试产品涂膜未说明是绝缘层,则发生器电极头应穿入漆膜与导电层接触;若涂膜为绝缘层,则只进行空气放电。

试验结束后,应进行最后检测,方法同初始检测,检查其是否保持在技术要求限值内性能正常。

4.13　电快速瞬变脉冲群抗扰度试验

4.13.1　试验目的

测试评估被试产品供电电源端口、信号、控制和接地端口在受到电快速瞬变(脉冲群)干扰时的性能。

4.13.2　选用的试验标准

GB/T 17626.4 的规定适用于本部分。

4.13.3 严酷等级

严酷等级通常按照被试产品有关标准或规定的技术要求,没有规定的由本部分规定。

a)供电电源端口,保护接地(PE):电源峰值 2 kV,重复频率 5 kHz或 100 kHz。

b)I/O(输入/输出)信号、数据和控制端口:电压峰值 1 kV,重复频率 5 kHz 或 100 kHz。

4.13.4 被试产品布置和工作状态

被试产品在试验室的放置应符合 GB/T 17626.4"7 试验配置"的规定。被试产品放置在接地参考平面上,接地参考平面的布置按被试产品不同应符合试验配置规定,被试产品按照设备安装规范进行布置和连接,并能处于正常工作状态。使用耦合夹时,除耦合夹下方的接地参考平面外,耦合板和所有其他导电性结构之间最小距离为 0.5 m。除非被试产品规定外,耦合装置与被试产品之间的信号线和电源线的长度应为 0.5 m±0.05 m。被试产品不可拆卸的电缆长度超过 0.5 m±0.05 m,超出部分应折叠以避免形成扁平的环状。

4.13.5 试验方法

重复性快速瞬变试验将由许多快速瞬变脉冲组成的脉冲群耦合到被试产品的电源端口、控制端口、信号端口和接地端口。试验按照规定布置被试产品和辅助设备,被试产品应处于正常工作状态,干扰强度按照严酷等级,依次对被试产品的试验端口进行正负两极试验,试验持续时间不短于 1 min(为了避免同步,试验时间可分为 6 个 10 s的脉冲群,间隔时间为 10 s)。

试验结束后,应进行最后检测,方法同初始检测,检查其在整个试验期间是否保持在技术要求限值内性能正常。

4.14　浪涌(冲击)抗扰度试验

4.14.1　试验目的

测试评估被试产品遭受浪涌(冲击)时的抗扰度性能。

4.14.2　选用的试验标准

GB/T 17626.5 的规定适用于本部分。

4.14.3　严酷等级

严酷等级通常按照被试产品有关标准或规定的技术要求,没有规定的由本部分规定。

a)交流电源端口

相线——零线:2 kV

相线、零线——保护地:4 kV

b)信号端口

线——地:2 kV

4.14.4　被试产品布置和工作状态

被试产品在试验室的放置应符合 GB/T 17626.5“7 试验配置”的规定。浪涌分别施加到交流电源端口、信号端口,信号端口包括连接外部通信线的端口和连接内部信号线的端口。内部信号线仅指室外互连线,包括室外部件与室内部件连接的电缆线和室外部件间连接的电缆线,如传感器与采集数据设备间的连接线、采集数据设备与采集数据的分设备间的连接线等。

应按 GB/T 17626.5“7 试验配置”的规定选用合式的耦合/去耦网络,注意区分电源线和信号线、信号线中的屏蔽线和非屏蔽线、非屏蔽线中的对称互连线和不对称互连线以及施加电位差的设备内部连接线,GB/T 17626.5 有清晰的试验配置示例图供参考。还应注意浪涌发生器的源阻抗,如对于屏蔽电缆的信号端口,应使用 2 Ω 源阻抗的发生器。

被试产品的连接应能使其正常工作,在试验期间,应能方便地观察采集的数据。

应按接地要求进行接地或不接地。需要接地的被试产品应按安装技术条件与接地系统连接,不允许有其他附加的接地线。不接地的被试产品,如双重绝缘设备(Ⅱ类设备),应按接地设备类似的方法进行而不得添加额外的接地连线,但不进行相线、零线——保护地的试验。

4.14.5 试验方法

电源线和通信线路的阻抗不一样,浪涌在这两种线路上的波形也不一样,试验时应选用适用的组合波发生器。对交流电源端口施加浪涌,应使用 2 Ω 源阻抗的发生器;对信号端口施加浪涌,应使用 40 Ω 源阻抗的发生器。

在应用实践中,常有发现雷电(不一定是直击雷)后,传感器或采集数据的设备受损,所以,本部分规定应评估内部信号线(仅指室外互连线)端口的浪涌(冲击)抗扰度,试验数据为提高被试产品的防雷性能提供资料而暂不作为合格与否的判据。

本部分规定对室外互连线端口(通常是屏蔽电缆)用施加电位差的方式进行浪涌(冲击)抗扰度试验,试验时应使用 2 Ω 源阻抗的发生器。

施加在通信线和室外互连线上的浪涌脉冲次数应为正、负极性各 5 次;对直流电源端口,施加浪涌脉冲次数应为正、负极性各 5 次;对交流电源端口,应分别在 0°、90°、180°、270° 相位施加正、负极性各 5 次的浪涌脉冲。试验速率为每分钟 1 次。

试验结束后,应进行最后检测,方法同初始检测,检查其在整个试验期间是否保持在技术要求限值内性能正常。

4.15　射频场感应的传导骚扰抗扰度试验

4.15.1　试验目的

测试评估被试产品受到来自 9 kHz～80 MHz 频率范围内射频发射机电磁骚扰的传导抗扰度能力。

4.15.2　选用的试验标准

GB/T 17626.6 的规定适用于本部分。

4.15.3　严酷等级

严酷等级通常按照被试产品有关标准或规定的技术要求，没有规定的由本部分规定。

频率范围：150 kHz～80 MHz；

试验电压：10 V；

信号调制：1 kHz，80%调制度。

4.15.4　被试产品布置和工作状态

通常，采集数据的装置被指定为被试产品，其余部件被指定为辅助设备。当有多个采集数据的装置时，它们依次被指定为被试设备，相对于被试设备，其余部件被指定为辅助设备。

将骚扰信号合适地耦合到连接被试产品的各种电缆上需要耦合和去耦合装置。出于对测试的重现性和对辅助设备的保护方面考虑，首选的耦合/去耦装置是耦合/去耦网络。然而，由于机械结构方面的原因，对于大多数被试产品，它们是无法利用的。此时，电磁钳注入成为适用的选择。

被试产品在试验室的放置应符合 GB/T 17626.6 “7 用于台式和落地式设备的试验配置”的规定，其连接应考虑插入耦合/去耦装置，并确保正常工作和能方便地观察采集的数据。

应按接地要求进行接地或不接地。需要接地的被试产品和辅助设备应按安装技术条件将它与接地系统连接,不允许有其他附加的接地线。不接地的被试产品和辅助设备指安装规范或设计不与任何接地系统连接的设备或设备部件,不接地设备如双重绝缘设备(Ⅱ类设备)等。

4.15.5 试验方法

通常,用电磁钳将试验电平分别施加到与被试设备连接的各条电缆上。当多条连接电缆有相同特性时,如多条电缆连接的传感器是同型号的,可选其一施加。骚扰信号是 1 kHz 正弦调幅,调制度80%的射频信号。

扫频范围从 150 kHz～80 MHz,应重复扫频三次。

应目视被试产品的示值,观察在整个试验过程中,是否保持在技术要求限值内性能正常。

试验结束后,应进行最后检测,方法同初始检测,检查其是否保持在技术要求限值内性能正常。

4.16 射频电磁场辐射抗扰度试验

4.16.1 试验目的

测试评估被试产品受到来自 80 MHz～1000 MHz 频率范围内电磁场辐射时的抗扰度能力。

4.16.2 选用的试验标准

GB/T 17626.3 的规定适用于本部分。

4.16.3 严酷等级

严酷等级通常按照被试产品有关标准或规定的技术要求,没有规定的由本部分规定。

频率范围：80 MHz～1000 MHz；

试验场强：10 V/m；

信号调制：1 kHz，80%调制度。

4.16.4 被试产品布置和工作状态

试验应在电波暗室中进行，尺寸较小的被试产品可在横电磁波小室(GTEM)进行。

被试产品是被试产品的整机，在试验室的放置应符合 GB/T 17626.3“7 试验配置”的规定。

被试产品的连接应能使其正常工作，并符合 GB/T 17626.3“7.3 布线”的规定，连线、被试产品位置及方向应有记录，以便必要时重现试验结果。

应将被试产品的输出值通过墙壁上的连接滤波器引出电波暗室，在暗室外应能方便地观察采集的数据。

应按接地的要求进行接地或不接地。需要接地的被试产品应按安装技术条件将它与接地系统连接，不允许有其他附加的接地线。不接地的被试产品指安装规范或设计不与任何接地系统连接的设备或设备部件，不接地设备有便携式被试产品、电池供电和双重绝缘设备等。

4.16.5 试验方法

被试产品应按现场安装姿态放置在试验台上，发射天线应对其四个侧面逐一进行试验。

在预定的频率范围内进行扫描。每一频率点上，幅度调制载波的扫描驻留时间不短于 0.5 s。

如果要确定故障的临界值，试验场强应从最小值到选定的试验场强值逐渐增加，依次为 1 V/m、3 V/m、10 V/m。

应目视被试产品的示值，观察在整个试验过程中，是否保持在技术要求限值内性能正常。

试验结束后,应进行最后检测,方法同初始检测,检查其是否保持在技术要求限值内性能正常。

4.17 电源试验

4.17.1 试验目的

测试评估被试产品对电源电压和频率变化时的适应性。

4.17.2 选用的试验标准

GB/T 17626.6、GB/T 17626.29 和 GJB 6556.6 的规定适用于本部分

4.17.3 严酷等级

严酷等级通常按照被试产品有关标准或规定的技术要求,没有规定的由本部分规定。

电源频率:(50±5%) Hz;

电源电压:AC(220±10%) V;

若为直流电源,6 V 以下变动±0.5 V,6 V 以上变动±1 V。

4.17.4 试验方法

电源电压和频率试验采用具有电压和频率调整功能的发电装置进行。按照严酷等级进行,各项试验时间为 1h。在试验期间,应测量被试产品的主要电器性能参数并检查主要功能。

若被试产品采用市电电网供电,电源频率的上限值和下限值分别与上限电压和下限电压组合确定综合试验条件。

采用直流供电的被试产品,除要得到额定电压工作条件的测试结果,还要得到变动的上限电压和下限电压时的数据,同时检查被试产品的工作是否正常。

试验结束后,应进行最后检测,方法同初始检测,检查其是否保

持在技术要求限值内性能正常。

4.18 恶劣自然环境试验

4.18.1 试验目的

选择恶劣的自然环境条件（如热带、高寒、沙漠、高山及海岛等），对被试产品进行实际应用，测试被试产品在恶劣自然环境条件下能否正常工作及其动态特性和传感器的漂移特性。

4.18.2 试验要求

a）当模拟环境试验不能或不能完全模拟规定恶劣环境条件时，应进行本项试验；

b）用于恶劣自然环境试验的被试产品，试验前应进行功能、性能测试并合格。

4.18.3 试验方法

a）恶劣自然环境条件的动态比对试验，应与动态比对试验采用同样的比对标准器，仪器、设备的安装、架设和观测方法应相同；

b）按照可靠性要求记录故障次数并统计维修时间；

c）按照比对试验的方法进行数据录取和处理。

试验结束后，应进行最后检测，方法同初始检测，检查其是否保持在技术要求限值内性能正常。

5 结果与评定

依据具体试验结果判断被试产品是否合格，出具试验报告。通常认为有下列情况之一但不限于下列情况，判断为被试产品的该项试验不合格。

a）变动量超过允许限值；

b）示值为非正常工作状态的量值；

c)突然的电气失效引起被试产品不能正常工作;

d)功能或性能暂时降低或丧失,但需操作者干预或系统复位;

e)因设备(元件)或软件损坏,或丢失数据而造成不能自行恢复至正常状态的功能降低或丧失;

f)机械连接或构件的松动、位移、脱落等引起被试产品不能正常工作;

g)内部或外部的因素引起元件、部件、软件性能或功能变化,导致被试产品不能正常工作;

h)出现危及被试产品或人身安全的情况;

i)其他质量或特性严重不符合被试产品有关标准或规定的技术要求。

第三部分　地面气象观测设备

1　范围

本部分规定了地面常规气象观测设备测试的项目、要求、方法、数据处理及测试结果的评定原则等，云、能见度、天气现象等气象要素的观测设备可参照执行。

本部分适用于地面常规气象观测设备交接检查、功能检查，电气性能和测量性能的测试，环境适应性以及外场试验等。

2　规范性引用文件

下列文件对于本文件的应用是必不可少的。凡是注日期的引用文件，仅注日期的版本适用于本文件。凡是不注日期的引用文件，其最新版本（包括所有的修改单）适用于本文件。

GB 6587—2012　电子测量仪器通用规范

GB/T 35221—2017　地面气象观测规范总则

GB 50169　电气装置安装工程接地装置施工及验收规范

JJF 1059.1—2012　测量不确定度评定与表示

3　测试评估项目

按照第一部分的9.1开展下述项目的测试评估：

a)交接检查

b)功能检查

c)电气性能测试

d)测量性能测试（初测）

e)环境适应性

f)外场试验

g)测量性能测试(复测)

4　交接检查

按照第一部分的第8章进行交接检查。

5　功能检查

5.1　项目

功能检查通常包括但不限于以下项目：

a)观测要素；

b)初始化和参数设置；

c)数据采集、处理和存储；

d)数据接口和传输；

e)数据质量控制；

f)状态监控；

g)远程配置和软件升级；

h)校准或定标；

i)终端操作命令及数据格式；

j)图形产品；

k)数据显示和打印；

l)故障判断和报警；

m)时钟同步；

n)可配置及可扩展性；

o)互换性；

p)有关标准或规定的技术要求中规定的其他功能。

5.2　要求和方法

5.2.1　通过终端操作命令进行参数配置检查，包括基本参数、传感器参数、通信参数、质量控制参数等。

5.2.2　被试方应提供数据处理软件和各种应用的计算方法，检查所用计算公式或原理是否正确。

5.2.3　计算或挑选气象要素量最大值、最小值或达到规定值时的报警等比较和判断功能，应模拟相应的气象条件进行测试。

5.2.4　统计 5.2.3 各项的错误或正确的概率，在外场试验中进行检验，必要时，也可用相应的仪器进行比对观测。

5.2.5　若被试产品可以同时输出同一气象要素的几种不同表示方式，或能够以几个不同的气象量计算得出一个或几个其他气象要素量，测试时，应同时录取所有能够变换的数据，分别计算其误差。

5.2.6　对被试产品生成的平均或平滑计算后的结果，应用原始数据重新编制相应的数据处理程序进行计算，以检查被试产品计算方法的正确性。

5.2.7　存储功能，应通过多次存储试验以检查其可靠性，必要时，应结合环境适应性检查各种环境条件的影响。

5.2.8　数据接口和传输，应在外场试验中进行，所用附属设备和传输距离应符合技术指标要求。必要时，可编制数据文件进行模拟传输试验，并确定数据传输的错误概率。

5.2.9　数据质量控制，采样瞬时值和瞬时气象值的质量控制（变化极限范围、变化速率和内部一致性检查）以及综合质量控制，应模拟相应的气象条件进行测试。

5.2.10　远程控制和软件升级，一般在外场试验中，应进行远程参数设置、修改和软件升级，变更传输方式试验等。

5.2.11　数据显示、打印功能，在测试和试验中观察，对于如图形、曲线等要显示或打印的应用文件，应检查其正确性及是否符合有关规范或业务使用要求。

5.2.12　故障判断和报警功能,应在测试中进行实际检查,若被试产品技术指标规定了判断和报警概率,必要时,可人为设置判断门限和报警条件进行实际的测试并统计其错误概率。

5.2.13　时钟同步,被试产品独立运行时,由实时时钟芯片提供系统时钟,需查看校时功能是否能将时钟改变为当前标准时间;当被试产品接入业务软件时,被试产品应支持网络时间协议的自动校时。

5.2.14　可配置及可扩展性,观测项目、通信方式、辅助电源等应进行可配置和可扩展性检查和实际操作。

5.2.15　只有技术指标规定了互换性要求,才进行互换性检查。被试方至少应提供三台被试产品,并另外提供要求互换的同样数量的替换部件。若替换传感器、数据采集器或其他影响被试产品测试性能的部件,替换前应通过检查和测试并合格。

5.2.16　若被试产品配有计算机或单片机,替换后应允许重新输入替换件的计量检定结果。传感器替换后应重新进行性能测试,其他部件替换后至少应进行功能检查。

5.2.17　替换后可能影响环境适应性的部件,应重新进行相应项目的环境试验。

5.2.18　替换前后的试验测试方法和所用标准器应相同。

5.3　结果与评定

5.3.1　符合有关标准或规定的技术要求,判定为合格。

5.3.2　被试产品的功能和数据处理软件不符合有关标准或规定的技术要求或计算误差过大,应允许在规定时间内修改,修改后应重新进行测试和验证。若经修改仍不符合要求,应判定为不合格。

5.3.3　被试产品的数据录取和处理软件应在规定时间内允许修改,但必须查明原因并征得测试方同意。开始试验前和每次修改后的软件版本(源代码)都应由测试方保存。

5.3.4　传感器替换后的性能测试结果仍能符合被试产品技术指标要求,且不影响原功能,则认为具有互换性;若传感器互换后造成被试产品的功能改变或失去原有功能，判定为不具互换性。

6　电气性能测试

6.1　基本性能测试

6.1.1　项目

若被试产品技术指标没有明确要求，电气性能通常进行下述项目的测试：

（1）被试产品整体和分系统（必要时）的电源要求、功耗；

（2）专用电池的放电电压，终止电压，内阻及充放电特性；

（3）有线传输、发送装置的带宽、速率、时间间隔；

（4）无线传输发射机的发射频率、频谱宽度、功率、脉冲宽度和天线方向性图；

（5）无线传输的接收机、有线传输的终端设备的灵敏度、带宽和实际接收效果；

（6）被试产品技术指标规定的其他电气性能参数。

6.1.2　要求和方法

6.1.2.1　耗电功率及电池放电特性

（1）当被试产品采用市电供电时，若功率小于 1 kW，通常用测试总电源输入电压和电流的方法计算耗电功率；若被试产品的耗电功率较大或为电感、电容负载应采用电度表，测试持续 2 h 以上，用电度表记录的耗电度数（kWh）除以时间计算耗电功率。测试时应采用技术指标规定的额定电压。

（2）若技术指标规定了分机电源的耗电功率，或为了分析分机电源的特性，可测量分机的耗电功率，其测试方法同（1）。

（3）若被试产品规定了不同工作状态的耗电功率，应分别在不同工作状态下测试。

（4）专用电池的放电特性应在实际使用中测试，分别在放电回路中并联电压表和串联电流表,根据被试产品的总放电时间确定测试的时间间隔,在总放电时间内应等间隔地测试15次以上,以获得放电特性曲线并确定终止电压。

(5)太阳能、专用电池和不间断电源,应在外场试验中进行。由台站切断市电(交流供电传感器除外,GPS模块关闭),数据采集器在交流供电中断规定时间后应仍能保存所有的数据,即使在蓄电池电压低到不足以维持符合质量要求的观测工作时,在中断的交流电源恢复后,应能自动恢复正常工作。

6.1.2.2 发射和接收系统

(1)地面气象观测仪器采用无线传输方式时,应测试其发射机功率和实际接收效果。发射功率用功率计测试,测试场地应空旷,周围近距离内不应有金属反射物。所用的接插件、传输线的阻抗应匹配。

(2)无线传输的实际接收效果,应在外场试验中在规定的距离内用规定的传输方式进行实际的接收测试,以判断被试产品采用发射频率的合理性及接收效果,并统计实际接收的数据传输的错误概率。

(3)在进行实际接收效果试验以前,应对被试产品的接收设备进行接收灵敏度和频带宽度等主要参数的检查。

6.1.2.3 数据传输线路及平台

(1)在1 km以内的有线传输装置,若技术指标没有规定传输参数,通常以实际传输效果作为判定的依据,不进行专门测试。

(2)若技术指标规定了传输性能和参数,应对每一规定参数进行测试。同时应预先编制传输代码,以规定的速率进行传输,观察传输情况并统计数据传输的错误概率。至少测试五次,每次至少要传输10组以上的代码。

(3)采用移动通信或卫星通信平台传输信号的被试产品,应进行实际的传输测试,以统计传输错误概率。

6.1.3 结果与评定

(1)耗电功率不大于技术指标要求为合格,否则为不合格。

(2)若耗电功率不符合技术指标要求,但不影响被试产品整体的测试性能,且在工作时无明显的过热现象,可判定为合格,但必须在测试评估报告中说明。

(3)若技术指标没有耗电功率要求,其测试结果也应列入测试报告。若由于耗电功率过大引起被试产品过热或影响测试性能,应提出改进建议,严重时可判定为被试产品整体性能不合格。

(4)无线传输和有线传输系统应以实际接收效果为判定依据。当实际接收效果不能满足技术指标或使用要求时,应判定为系统整体性能不合格。

6.2 安全性测试

6.2.1 项目

安全性测试项目主要包括:

(1)绝缘电阻;

(2)绝缘强度;

(3)接地电阻;

(4)接地端子与易触及部分的电阻;

(5)保护电路(必要时)。

6.2.2 要求和方法

6.2.2.1 绝缘电阻

(1)仪器处于非工作状态。开关置于接通状态,用绝缘电阻测量仪测量绝缘电阻。

(2)按照 GB 6587—2012 的要求和方法进行测量和判定。

(3)试验时,与受试绝缘并联的电阻器和其他元件可以开路。

6.2.2.2 绝缘强度

(1)仪器处于非工作状态。开关置于接通状态,按 GB 6587—2012 的试验电压值对受试绝缘进行电压试验。

(2)按照 GB 6587—2012 的要求和方法进行测量和判定。

(3)试验中不应出现飞弧和击穿,但允许出现电晕效应及类似现象。

6.2.2.3 接地电阻

(1)接地电阻应在其接地线与标准接地线间测试,测试时被试产品的接地线应按照使用说明书规定的方法接地。

(2)按照 GB 50169 的要求和方法进行。

6.2.2.4 接地端子与易触及部分的电阻

在工作状态下,用电压表和电流表同时测试被试产品接地端子与易触及部分之间的电压和电流,并计算电阻值。

6.2.2.5 保护电路

(1)若被试产品具有电路保护功能应进行保护电路可靠性试验。采用将电压或电流调至规定保护数值的方法进行试验。

(2)试验时应采取有效措施,以致在保护电路失灵时不损坏被试产品或不危及人员安全。每项试验不少于 5 次。

6.2.2.6 其他

若技术指标没有特殊要求,应测试或检查下述项目:

a)电源开关是否有明确的通断标识,是否有能显示设备已通电的指示灯。

b)外接交流电源是否有保护接地端子及清晰的接地标志。

c)整机和重要部件的对地电压(交流峰值或直流),检查接地电压高于 42.4 V 的易触及部分是否有接地或有防触及的保护措施;

d)检查接地电阻和接地端子与易触及部分间的电阻是否符合技术指标要求。

6.2.3 结果与评定

6.2.3.1 若技术指标规定了电气安全的具体要求,应按照技术指标判定是否合格。

6.2.3.2 无论技术指标是否提出了电气安全性要求,若测试结果表明其安全性能可能损坏被试产品或危及操作人员安全,都应判定为整体性能不合格。电气安全性的测试结果都应列入测试报告。

6.2.3.3　电气安全性和保护电路可靠性的不合格项目，允许被试方在测试期间规定时间内进行修理或调整，修理或调整后应进行重新测试或验证，符合要求时可作为合格处理。

7　测量性能测试

7.1　项目

测量性能一般包括但不限于以下测试项目：

a)测量范围；

b)最大允许误差；

c)分辨力；

d)阈值；

e)灵敏度；

f)时间常数(响应时间)；

g)阻尼；

h)非线性；

i)迟滞；

j)影响特性(影响量)；

k)有关标准或规定的技术要求中规定的其他测量性能。

7.2　要求和方法

7.2.1　测试仪器设备与方法

7.2.1.1　测试仪器与设备应有法定计量检定机构的检定合格证书或校准证书并在有效期内。

7.2.1.2　温度被试产品应选择恒温槽为测试设备，被试产品的结构设计应满足在恒温槽中进行温度测试的要求(允许使用套管)。

7.2.1.3　气压被试产品能够提供压力接嘴的，可直接连接在气压标准测试设备的压力管路密封系统中。如果没有压力接嘴，应在气压测试箱中进行。

7.2.1.4 湿度被试产品首选湿度发生器作为标准测试设备,其次选择调温调湿箱。当使用标准湿度发生器时,应用冷镜式露点仪监测或提供标准值。

7.2.1.5 风速被试产品的测试应在瞬时风速测试的基础上进行,对于不同的平均风速输出,如 2 min 平均和 10 min 平均,可采用连续读数的方法。对于算术平均值,必须待一个测试周期完成后读数,若为滑动平均,第一次读数应在相应的平均时间完成后进行,以后的读数可在读取瞬时风速值的同时进行。

7.2.1.6 超声波风向风速被试产品应以不同方向对准风向,以测试不同风向对测试结果的影响。

7.2.1.7 降雨测试,应用承水口的实测面积与规定面积间的误差计算出雨量测试误差,若不合格,可直接判定为不合格,不再进行其他项目的测试。

7.2.1.8 太阳直接辐射或总辐射被试产品,在室外总辐照度大于等于 500 W/m^2 的条件下进行,其他测量性能在太阳模拟器上进行。

7.2.1.9 土壤水分被试产品应先进行特定环境校准。首先被试产品置于空气中,测量其的体积含水量,小于 0.3%为合格。然后将其置于蒸馏水中,测量其体积含水量,接近 100%为合格。特定环境校准合格的被试产品才能进行示值误差测试。对通过特定环境校准的样品用环刀取样,每个样品取四个环刀样本,按《农业气象观测规范》要求进行称重、烘干,得到四个样本的体积含水量,如果两两之间差值在 2%以内,认为测试样品均匀,取四个样本的均值为测试样品的(约定)真值;否则,测试样品不均匀,结果无效,需重做测试样品。

7.2.1.10 对于其他被试产品,应根据相关标准或规定的技术要求设置测试仪器设备与方法。

7.2.2 选取测试点

7.2.2.1 对于不存在迟滞误差的被试产品,采用定点测试的方法。

可在各测试点连续录取该点所需的所有样本，然后再进行下一个测试点测试。定点测试要求在每次录取数据前必须改变被试产品的示值或改变被测量的数值，以保证每次录取数据的独立性。

7.2.2.2　对于线性较好的被试产品，可以适当减少测试点，但在整个测试范围内选择的测试点不应少于5个，测试点通常应均匀分布。但对于非线性的，在曲率较大部分应适当增加测试点，曲率较小部分则可适当减少测试点。

7.2.2.3　测量范围的上限、下限和对其特性有代表性点，都应作为测试点，如温度的0 ℃点、20 ℃或23 ℃常温点，气压的1013.25 hPa等。

7.2.2.4　若被试产品的测量范围较宽，可根据使用情况在经常使用段适当增加测试点，非经常使用段适当减少测试点，如气压950 hPa～1050 hPa，温度－10 ℃～30 ℃，风速0 m/s～15 m/s等可推荐作为地面气象观测仪器的常用段。

7.2.2.5　对于存在迟滞误差，即具有回程误差的被试产品（如吸附性湿度传感器和由膜盒、波纹管、振动筒等弹性材料制作的压力传感器），采用多循环测试法，以确定迟滞的大小。

7.2.2.6　循环测试要求被测量有一个不同方向的变化。测试时从被试产品测试范围的上限或下限测试点开始，依次达到各测试点，每经过一个测试点只录取一次数据。一个上升和下降的过程为一个循环。

7.2.3　测试点稳定时间和样本大小

7.2.3.1　测试点的稳定时间根据被试产品和标准器的时间常数大小确定，稳定时间应大于被试产品和标准器时间常数的3～5倍。当不同时间常数的传感器同时测试时，应以其中最大的时间常数确定稳定时间，同时应考虑测试设备稳定所需时间。

7.2.3.2　测试点录取数据的样本大小，应根据测量结果要求的不确定度（JJF 1059.1—2012）、测试设备的稳定性以及被试产品的随机误差的大小确定,每个测试点数据录取的次数通常不少于 10 次。

7.3 数据处理

按照第一部分的第 10 章进行数据质量控制和数据处理。

7.4 复测

7.4.1 除一次性使用被试产品无法进行测量性能的复测外,其余都应在外场试验后进行复测。复测的方法和条件与初测的应保持一致,复测结果不允许进行修正。

7.4.2 只对与稳定性有关的项目进行复测,被试产品各测试点上的复测结果和初测结果之差表示测量性能的稳定性。

7.4.3 复测是在没有得到重新维护情况下,进行环境污染腐蚀情况检查和测试,然后维护后再进行检查和测试,判定稳定性技术指标。

7.5 结果与评定

7.5.1 测量性能各项目都应符合有关标准或规定的技术要求,判定为合格。

7.5.2 各测试点最大允许误差的测量结果表示为($\overline{X} \pm ks$),其数值区间超出技术指标规定的最大允许误差的范围,判定为该测试点不合格。k 为置信因子,由有关标准或规定的技术要求或测试评估方案给出,若没有给出具体的数值,实验室测试通常取 $k=2$。

7.5.3 有一个测试点的最大允许误差不合格,即判定为被试产品的测量性能不合格。

7.5.4 对于有漂移指标的被试产品,用各测试点上的复测结果和初测结果系统误差之差的绝对值表示漂移量的测试结果,若有任一测试点的误差超过了技术指标要求,则判定为被试产品的稳定性不合格。

8 环境适应性

根据有关标准和规定的技术要求,按照第二部分进行。

9 外场试验

9.1 要求

9.1.1 站点选择

站点选择按照第一部分5.3.2和5.3.3执行。

9.1.2 试验时间

9.1.2.1 参照第一部分的5.3.3执行。推荐全天候长期连续使用的被试产品不少于1年，季节性使用的被试产品应超过业务应用季节的最长时间长度。只在有限条件下断续使用的被试产品可在模拟业务应用条件下进行3个月或以上的外场试验。

9.1.2.2 若被试产品技术要求有明确规定的，则按照技术要求执行。

9.1.3 参考标准

参考标准应符合第一部分中5.4的要求。

9.2 试验方法与数据录取

9.2.1 仪器布局与安装

参考标准与被试产品都应安装在同一试验场地，场地及仪器的布局、安装和架设应符合GB/T 35221—2017中5.4的要求。相互比较的仪器感应部分架设的高度应相同并尽量靠近。

9.2.2 数据样本

9.2.2.1 观测数据的分组，应根据不同被试产品的测量特性，考虑不同被试产品的测量范围和不同影响量的情况确定。

9.2.2.2 对于需要统计传感器某种特性的一组数据，外场试验一般应不少于60次比对观测数据。

9.2.3 数据录取

9.2.3.1 参考标准和被试产品应同时录取数据,取其终端输出值作为各自的测量结果。

9.2.3.2 若被试产品已规定了观测的间隔时间且无法改变,应以规定的间隔时间与参考标准进行比对。参考标准可用相同的间隔时间录取数据,也可通过高速采样后平滑或平均计算值,或参考标准相同瞬间得到的与被试产品时间间隔相同的数据进行比较。

9.2.3.3 对于可随时观测或可通过程序设置改变观测时间间隔的被试产品,每相邻两次观测的时间间隔应大于参考标准和被试产品中最大时间常数的 2 倍。传感器的时间常数应包括其防护系统造成的滞后时间和在信号处理时的平滑或平均时间。

9.2.3.4 若被测气象要素量的变化较小,可适当增加比对观测的间隔时间,反之可适当减少间隔时间。

9.2.3.5 采用接触式测量传感器的被试产品,安装后的第一次比对观测,应待其与自然环境条件充分平衡后进行。

9.3 数据处理

按照第一部分的第 10 章进行数据质量控制和数据处理。

9.4 试验分析

9.4.1 分析内容

外场试验主要分析但不限于下述内容:

(1)[观测数据的]完整性;

(2)[观测数据的]准确性;

(3)[设备运行的]稳定性;

(4)[设备运行的]可靠性;

(5)[测量结果的]一致性(相同被试产品);

(6)可比较性(与业务站网的);

(7)其他。

9.4.2　完整性

观测数据的完整性表征被试产品在测试评估期间获取数据资料的能力,可用完整性表示,也可用缺测率表示。

9.4.2.1　计算方法

按照第一部分的3.5进行。

完整性通常用被试产品终端实际观测数据个数与应观测数据个数的百分比表示,缺测率通常用被试产品缺测数据个数与应观测数据个数的百分比表示。计算公式为:

完整性(%)=(实际观测数据个数/应观测数据个数)×100%　(1)

缺测率(%)=(缺测数据个数/应测量数据个数)×100%　(2)

9.4.2.2　结果与评定

完整性或缺测率符合规定值判定为合格,否则判为不合格。

9.4.3　准确性

观测数据的准确性反映被试产品获取数据的质量。

9.4.3.1　计算方法

准确性用误差区间来表征,通常表示为$(\bar{x}-ks,\bar{x}+ks)$的形式,其中$\bar{x}$为系统误差,s为标准偏差,k为置信因子。外场试验通常取$k=1$。

必要时,可以分别给出不同环境条件、不同测量范围和不同影响量的统计结果。

9.4.3.2　结果与评定

准确性符合规定值判定为合格,否则判为不合格。

9.4.4　稳定性

稳定性是指被试产品经过其技术条件允许的某种应力的作用,

或者正常使用、贮存一定的时间,其测量性能保持不变的能力。稳定性的测试时间或周期通常为 1 年,也可根据被试产品相关技术要求进行确定。

9.4.4.1 计算方法

稳定性测试采用两种方法,即测量性能的初测和复测方法、外场试验方法。

方法一:按照第一部分的 9.2.7 和 7.4.2 方法和要求进行。

方法二:在外场试验的全过程,用差值随时间变化(取一段时间,如月、半月、旬等)波动幅度和变化趋势表示,可以制作差值随时间变化曲线进行直观显示。

无论是方法一还是方法二,在整个试验期间都不允许对被试产品的软、硬件做任何调整或校准,也不允许改变被试产品的修正值或计算测量结果所用的计算机软件。否则稳定性试验应重新进行。

9.4.4.2 结果与评定

方法一:复测与初测结果均不超过最大允许误差,两者之差不大于最大允许误差区间。

方法二:差值平均值均不超过最大允许误差,量值判断为|差值的最大波动度|≤最大允许误差区间。

若方法一和方法二所得结果不一致,应查明原因,同时给出不同影响量的统计结果。

9.4.5 可靠性

可靠性是被试产品在规定的情况下,规定的时间内,完成规定任务的能力,表征被试产品在自然环境条件下正常运行的能力。以测试评估期间平均故障间隔时间 MTBF(Mean Time Between Failure)来衡量。

9.4.5.1 计算方法

平均故障间隔时间 MTBF 的观测值计算公式为:

$$MTBF = T/r \tag{3}$$

式中，T 为总试验时间，是相同型号各台被试产品试验时间的累计值，单位 h；r 为责任故障数，是各次责任故障的加权后之和。

可靠性试验期间，每台被试产品的总开机试验时间，不应少于各台平均时间的一半，

总的试验时间应大于技术指标规定平均故障间隔时间（MTBF）的数值。

9.4.5.2　结果与评定

平均故障间隔时间 MTBF 高于被试产品的指标要求判定为可靠性合格，否则判为不合格。

9.4.5.3　故障分类与加权

（1）被试产品出现下述情况为致命故障，加权系数无限大：

a）危及被试产品或人员安全；

b）重要部件损坏致使被试产品完全不能工作；

c）重复故障不能排除；

d）试验现场不能排除，必须返回被试方修理；

e）严重影响被试产品的测量性能，修理或调整无效。

注：重复故障是指在被试产品相同部位发生的、故障现象和原因均相同的故障。

（2）被试品出现下述情况为一级故障，加权系数为 1：

a）影响被试产品主要功能实现；

b）修理中更换了影响被试产品测量性能和主要功能的元器件；

（3）被试产品出现下述情况为二级故障，加权系数为 0.5～0.7：

a）影响被试产品次要功能实现；

b）修理中更换了不影响被试产品主要性能的元器件；

c）由于软件故障致被试产品不能正常工作。

（4）被试产品出现下述情况为三级故障，加权系数为 0.1～0.2：

a）不影响被试产品测量性能和主要功能；

b）软件不稳定但不影响测量性能和功能；

c）按照被试产品说明书进行正常维护可以排除。

(5)可靠性试验前,应根据被试产品的工作特性预计可能出现的各种故障,并提前约定各种故障的加权系数。

9.4.6 一致性

一致性是在相同测量条件下,同类多台仪器(2 台或以上)对同一被测量产品进行测量所得结果之间的一致程度。若要对被试产品与参考标准的一致性进行比较,参考标准也应同时安装两台。拟进入业务使用的被试产品必须进行一致性测试评估。

9.4.6.1 计算方法

用 2 台相同仪器相同时次的测量结果的差值,计算的系统误差和标准偏差。系统误差趋于零(系统误差绝对值小于被试产品规定最大允许误差半宽的 1/3),说明其标准偏差是可信的,否则应查明原因。

用标准偏差除以 2 的开平方,作为被试产品的一致性标准偏差。

9.4.6.2 结果与评定

符合规定值判定为合格,否则判为不合格。通常系统误差绝对值应不大于被试产品规定最大允许误差半宽的 1/3,标准偏差不大于被试产品规定最大允许误差限半宽的 1/2。必要时可与参考标准的一致性标准偏差进行比较。

9.4.7 可比较性

可比较性是被试产品与气象业务观测网的同类观测仪器对同一气象要素获取观测数据的一致程度。

9.4.7.1 计算方法

被试产品与气象业务观测(站)网相应仪器的可比较性用每台被试产品观测结果与气象业务观测(站)网相应仪器观测值差值的系统误差和标准偏差分别计算。

必要时可对外场试验不同环境条件、不同测量范围和不同影响量的数据分别进行统计,以给出外场试验与实验室测试结果的差异与环境条件、测量范围或影响量之间的关系。

9.4.7.2 **结果与评定**

符合规定值判定为合格,否则判为不合格。通常系统误差绝对值应不大于被试产品规定最大允许误差半宽的1/3,标准偏差不大于被试产品规定最大允许误差限半宽的1/2。

在给出被试产品与参考标准具有可比较性的结论时,应说明被试产品是否可与参考标准组成气象业务观测网并用。若给出没有可比较性的结论,应在试验报告中提出被试产品不应在气象业务观测网中使用的建议。

在做出被试产品可以与气象业务观测网并用或能够组成新的气象观测网的判定时,考虑到一次外场试验的局限性,在测试评估报告中应建议两个系统继续在不同气候条件下,进行长期业务试用的比对观测,以做出更可靠的结论或给出修正系数。

9.4.8 其他

在外场试验中还应分析和确认被试产品的安装、软件、观测方法、操作方法、数据录取、数据传输、计算方法等的正确性和可操作性。

9.4.9 影响量统计

9.4.9.1 影响量并非测试评估必须测试量,但为提高被试产品的性能、减小影响量的影响,推荐进行相关影响量的测量和分析。

9.4.9.2 影响量一般根据被试产品观测要素的特性来确定,通过对影响要素的分段或分时序列条件下被试产品观测要素试验数据的误差统计,分析影响要素对被测产品观测要素的影响程度,从而明确被试产品的测量特性。例如,在湿度测试中,气温、风速和太阳辐射都是较明显的影响量,统计不同气温、风速及辐射条件下对湿度测量结果的影响,可进一步了解湿度传感器的测量特性。

10 综合评定

10.1 按照第一部分的第11章进行结果评定。

10.2 评定项目包括测试评估的各个项目,评定被试产品合格与否的依据是测试评估项目的结果是否符合有关标准或规定的技术要求。

10.3 功能不全或数据处理软件错误,可要求被试品在规定时间内进行完善和修改,重新检查或验证符合要求的可以判定为合格,否则判定为不合格。

10.4 环境适应性、测量性能初测与复测、外场试验得出的数据完整性、准确性/最大允许误差,设备运行的稳定性、可靠性有一项不合格,则判定被试产品的整体性能不合格。

10.5 相同被试产品测量结果的一致性和与气象业务观测网的可比较性应根据具体问题具体分析,给出合理化建议。

第四部分　高空气象观测设备

1　范围

本部分规定了高空气象观测设备测试的交接检查、环境适应性、测量性能(性能测试)、电气性能、稳定性、可靠性、维护性等的试验方法、数据处理以及结果与评定等。

本部分适用于气象气球、探空仪、地面信号接收与处理设备以及软件系统等测试评估,其他高空气象观测设备(软件)如自动探空系统、自动放球系统、电子经纬仪等可参照此执行。

2　规范性引用文件

下列文件对于本部分的应用是必不可少的。凡是注日期的引用文件,仅所注日期的版本适用于本部分。凡是不注日期的引用文件,其最新版本(包括所有的修改单)适用于本部分。

GB/T 2423.21—2008　电工电子产品环境试验　第2部分:试验方法　试验M:低气压

GB/T 2423.25—2008　电工电子产品环境试验　第2部分:试验方法　试验Z/AM:低温低气压综合试验

GJB 3153　精密测量雷达标定与校正

GJB 6556.3—2008　军用气象装备定型试验方法 第3部分:高空气象探测仪器和设备

3　基本要求

被试产品样本应符合第一部分中第6章的要求。

气象气球的性能测试应不少于 10 只。探空仪的测量性能应不少于 30 套,若还需探空仪进行稳定性、可靠性和辐射误差试验,根据需要适当增加。地面信号接收与处理设备应至少提供 3 台。

被试高空软件系统应提供源程序、编写说明以及具有软件测量资质单位的测评报告。

4 交接检查

按照第一部分第 8 章的要求进行,包括外观和结构检查、成套性检查以及工作状态等。

气象气球、探空仪及其地面信号接收与处理设备还应进行部件和整机的功能检查,以确保工作正常。对于测量传感器,还应检查传感器其检定证书或产品合格证书。

5 环境适应性

环境适应性参照第二部分的要求和方法进行,若设备有特殊使用要求,可以依据有关技术标准文件拟定补充试验项目,并制定相应试验方法。低气压和低温低气压综合试验按照 GB/T 2423.21—2008 和 GB/T 2423.25—2008 进行。

6 气象气球

6.1 性能测试

6.1.1 氯化钙含量

用稀释溶解的方法测量气象气球中残余氯化钙含量。取剪碎后的试样置于烧杯中,加入水,加热煮沸,并随时搅拌,冷却后通过过滤置于锥形瓶中,用感量天平称量。每次测量用水洗涤试样若干次,洗涤液过滤后置于锥形瓶的原滤液中,在全部滤液中加入三乙醇胺及钙指示剂,用氢氧化钠溶液调节呈酒红色后,再加入氢氧化钠溶液,使滤液的 pH 值符合技术要求值。

6.1.2 拉伸性能

(1)老化前试验

在气象气球沿浸渍方向四等分,取中间两部分,用Ⅰ型裁刀裁取三个哑铃状试片,每片试片间距不小于技术要求。

将试样置于拉力机上,在特定技术条件下拉伸至断裂,记录断裂时拉力机的示值。

(2)热空气老化试验

把气象气球沿浸渍方向四等分,取中间两部分,用Ⅰ型裁刀裁取三个哑铃状试片,将试样放置于老化试验箱内,使箱内温度要求时间内达到设定温度,保持特定时间。

经过热空气老化后的试样在室温下恢复至有效时间,然后将试样置于拉力机上,在特定技术条件下拉伸至断裂,记录断裂时拉力机的示值。

6.1.3 爆破性能

将气球球柄套在爆破装置的球柄套上并扎紧。将气球悬挂于空气(必要时考虑高湿环境)中,用探空气球爆破仪测定。按特定技术要求充气至球炸,记录测试结果。

6.1.4 臭氧老化

从每个气球中部,用Ⅰ型裁刀裁取三个哑铃状试样,放置于要求的臭氧老化试验箱到达特定时间,定期观察试样的表面变化,并记录出现龟裂或断裂的时间。

6.1.5 充气检查

用压缩空气充气至技术要求直径,充气后放气检查。

6.2 外场施放

至少选取三个具有不同气候特点的气象台站分别进行外场(施

放)试验,其中雨天的有效施放样本数应占 1/3 或以上,要求净举力和升速控制在业务要求范围内,统计平均球炸高度和升空高度(业务要求)及以上的有效率。

6.3 可靠性

可靠性结合外场试验进行,采用直接统计方法给出气象气球在实际施放条件下故障率。施放的总次数应不少于约定故障率技术要求的倒数。

在记录故障时,必须确认为气象气球的责任故障,不应把探空仪、软件和地面信号接收与处理设备造成的故障记录在气象气球的责任故障数内。

故障判定遵循以下原则:因气象气球自身缺陷必须重放球的,记录故障 1 次。其他情况根据故障定义进行判定;以总责任故障次数除以总施放次数计算故障率。按照技术要求对气象气球的施放可靠性进行定性评定。

7 探空仪

7.1 测量性能

7.1.1 温度测试

(1)标准器和测试设备

恒温槽、标准铂电阻温度计和数据采集、计算、显示仪表。

(2)测试点

40 ℃、30 ℃、20 ℃、0 ℃、−10 ℃、−20 ℃、−40 ℃、−60 ℃、−70 ℃、技术指标要求的最高、最低温度值以及这些点之间的任意间隔点。

(3)测试方法和要求

将探空仪的温度测量元件置于恒温槽中,其测量电路板放在恒温槽外,用探空仪数据采集器采集测量电路的输出信号。

各测试点都在温度稳定后，用计算机同时录取标准温度值和测量电路输出温度值。

采用定点测试法，在每个温度测试点稳定后，依次将温度元件置于恒温槽中，分别录取数据。各次录取数据前的温度稳定时间应能使测量元件与环境温度充分平衡。

每个温度测试点，每个探空仪只采集一次数据。

7.1.2　气压测试

(1)标准器和测试设备

标准气压计、气压一温度校准设备。

(2)测试点

1050 hPa、1013 hPa、900 hPa、700 hPa、500 hPa、300 hPa、100 hPa、50 hPa、10 hPa、5 hPa、技术指标要求的最高、低气压值以及这些点之间的任意间隔点。

测试温度条件：30 ℃、0 ℃、−30 ℃。

(3)测试方法和要求

将气压传感器置于压力一温度试验箱中，在三个特定技术要求的温度条件下分别进行所有气压测试点的测试。探空仪的气压输出数据通过设备上的密封插头送给数据采集器。

每种温度条件都应在温度稳定后，按照测试点的顺序从高压到低压进行测试。在每个气压测试点的压力稳定后，同时录取标准压力值和探空仪测量电路的输出压力值。

各压力测试点录取数据前的压力稳定时间应能使测量元件与环境温度充分平衡。

每个压力测试点，每个探空仪只采集一次数据。

7.1.3　湿度测试

(1)标准器和测试设备

双压法标准湿度发生设备、冷镜式露点仪。

(2)测试点

95%RH、80%RH、70%RH、50%RH、30%RH、20%RH、10%RH、技术指标要求的最高、低湿度值以及这些点之间的任意间隔点。

测试温度条件:30 ℃、−10 ℃、−30 ℃。

(3)测试方法和要求

若探空仪的湿度测量元件为湿敏电容,且与温度测量元件连接在一个支杆上,应另外抽取探空仪进行湿度测试,不应采用进行了温度和气压测试的探空仪。

将探空仪的湿度测量元件置于测试设备的测试室中,其测量电路放在测试室外,用探空仪数字采集器采集测量电路的输出湿度信号。

每个温度测试点都应在温度稳定后进行不同湿度点的测试,测试从高湿点开始顺序至最低湿度点。每个湿度测试点都应在湿度稳定后同时采集被检探空仪应与标准器的数据。

各湿度测试点录取数据前的湿度稳定时间应能使测量元件与环境温度充分平衡。

各个湿度测试点,每个探空仪只采集一次数据。

7.1.4 测风模块

若探空仪为导航测风体制,应对测风模块(导航芯片)进行测试,测试项目和方法:

(1)冷启动定位时间

将 24 小时以内未加电的探空仪安放在空旷处,给探空仪加电并开始计时设为 T_0,待出现稳定的定位数据时间设为 T_i,计算 $\Delta T = T_i - T_0$。

(2)热启动定位时间

将 24 小时以内曾加过电的探空仪安放在空旷处,给探空仪加电并开始计时设为 T_0,待出现稳定的定位数据时间设为 T_i,计算 ΔT

$=T_i-T_0$。

(3)重新捕获时间

将探空仪安放在空旷处并给探空仪加电，待导航卫星(如北斗、GPS)出现稳定的定位数据后，将探空仪导航接收天线屏蔽，待确定没有定位数据后，去除屏蔽同时记录时间设为 T_0，待定位信息再次出现稳定的数据时记录时间为 T_i，计算 $\Delta T=T_i-T_0$。

(4)测风模块定位和测风定位性能

选取探空仪导航卫星测风模块接收卫星导航模拟器发出的信号，对模拟的已知标准定位信息进行检验，采用批量统计的方法检验导航卫星测风模块定位经度、纬度和高度测量误差。

7.2 电气性能

7.2.1 载波中心频率

将探空仪发射机置于微波暗室或宽敞的室内，用数字频率计或频谱仪获取感应信号直接进行测量。

7.2.2 载波频率稳定性

(1)结合环境适应性进行

将被试探空仪置于低温试验箱，接通电源，用数字频率计或频谱仪接受探空仪信号并测量频率，然后降低温度至特定技术要求规定值，再次测量频率，以两次测量的频率差作为频率偏移量。

(2)在施放试验中进行

记录每次施放过程中被试探空仪频率的最大值、最小值，频率稳定性用各次施放最大值与最小值的差值表示，给出其中绝对值最大的差值作为频率偏移量。

7.2.3 发射功率

采用替代法，可在微波暗室也可在宽敞室内，周围应无金属等反射物体。

先将探空仪置于测试支架上,接收天线距探空仪发射天线有效距离并与其平行放置。

接通探空仪发射机电源,用接收天线和检波器接收,在示波器上观察探空仪发射的波形,调整示波器使信号波形稳定,记录信号幅度。

将探空仪发射机从测试支架上取下,在信号源输出口接与被试探空仪同样的发射天线,置于被试探空仪发射电路板和天线原来的位置。

调整信号源的输出,使示波器上的信号输出至原来发射机信号波形相同的高度。

测量信号源的输出功率即为探空仪的发射功率。

7.2.4 调制信号频率

将探空仪置于工作状态,在发射机电路板上用数字频率计直接测量。

7.2.5 接收(回答)灵敏度

在发射功率测试的基础上进行。

将探空仪发射机置于专用测试架上,使信号源的专用发射天线与探空仪发射天线相距有效距离并与其平行放置。

减小信号源输出信号,使探空仪回答信号处于临界状态,用功率计替代信号源专用天线测量信号源的输出功率,即为探空仪发射机的接收(回答)灵敏度。

7.2.6 欠饱和振幅比

信号源输出功率置于固定值,用示波器测量缺口幅度 H_1 及欠饱和振荡的特定技术要求幅度的 H_2,判断 H_1/H_2 是否符合技术要求。

7.2.7 调制信号频率

将探空仪置于工作状态,在发射板上用数字示波器直接测量调制信号频率。

7.2.8 数据内容

在实际施放试验中进行,观察计算机屏幕显示和储存的原始数据文件。

7.2.9 采样周期

在实际施放试验中,观察计算机储存的数据文件。

7.2.10 传输速率

在实际施放试验中测试,若各次施放信号传输正常,即判定为传输速率符合要求。

7.3 外场比对

(1)比对参考仪器

选用测量性能和可靠性较好的探空仪作为比对参考仪器。

若要确定被试探空仪与业务使用探空仪是否具有可比较性,还应同时选用业务探空仪作为参考与被试探空仪进行比对试验。

(2)试验方法和要求

采用同球多施放(至少三施放)的方法,一个气象气球加挂 4 个探空仪,其中 1 个参考标准探空仪,1 个业务用探空仪和 2 个被评估的探空仪,至少应进行 30 次的有效施放。

每次施放都应校对各接收设备的时间,采用时间同步的方法同时录取同球施放的所有探空仪的数据。

施放前应进行被试探空仪和参考标准探空仪的基值测定,并记录各自气象要素的基测修正值。

试验分别在 02 时和 14 时进行，每个时间的有效施放次数应相等，每次都以时间同步的方法分别录取被试探空仪和参考探空仪的数据。

7.4 稳定性

7.4.1 储存稳定性

储存时间为一年，以三个月为一个周期，一年共进行 4 次测试。每次校准前，用通用检测箱和标准气压仪判定探空仪是否合格，初始校准出现不合格探空仪时重新抽取，以后的校准若出现不合格不再淘汰和补充，仍进行正常的校准。同时，记录基值测定各气象要素的误差。每次校准后在室内正常条件下稳定 24 小时，重新用通用检测箱校准 1 次，记录各气象要素的误差。若为导航探空仪，还应进行导航模块测试。

(1)温度元件

将温湿传感器支杆与温度、湿度元件通过保护套管置于恒温槽中，测量电路置于测试槽外与传感器通过支杆连接，用解调器和计算机录取数据。测试点的稳定时间应能使测量元件与环境温度充分平衡，稳定后以每秒间隔连续录取 15 次数据，取平均值作为测量结果。校准从 0 ℃开始，然后进行高温或低温点的校准，最后重新对 0 ℃点进行校准。

校准点：－80 ℃、－60 ℃、－40 ℃、－20 ℃、0 ℃、＋10 ℃、＋30 ℃、＋40 ℃、＋50 ℃、技术指标要求的最高、低温度值以及这些点之间的任意间隔点。

(2)气压元件

将探空仪的压力传感器与测量电路一起置于探空仪压力观测箱中、温度控制在特定技术要求的值，稳定后进行不同压力校准。先测量 1013 hPa 点，然后逐渐降压依次进行其他校准点的校准。每个校准点都在应能使测量元件与环境温度充分平衡后，以每秒间隔连续录取 15 次数据，取平均值作为测量结果。

校准点：1013 hPa、925 hPa、850 hPa、700 hPa、500 hPa、250 hPa、100 hPa、50 hPa、30 hPa、10 hPa、技术指标要求的最高、低气压值以及这些点之间的任意间隔点（初始校准在＋25 ℃和－20 ℃两个条件下进行，存储稳定仅在 25 ℃条件下进行）。

（3）湿度元件

先测量相对湿度 95％RH 点，然后逐渐降压依次进行其他校准点的校准。每个校准点都在湿度稳定应能使测量元件与环境温度充分平衡后，以每秒间隔连续录取 15 次数据，取平均值作为测量结果。

校准点：95％RH、90％RH、80％RH、60％RH、40％RH、20％RH、10％RH、技术指标要求的最高、低湿度值以及这些点之间的任意间隔点（初始校准在－30 ℃、－10 ℃、＋20 ℃、＋35 ℃四个条件下进行，存储稳定仅在 20 ℃条件下进行）。

（4）测风模块

选取 10 个探空仪导航模块接收卫星导航模拟器发出的信号，对模拟的已知标准定位信息进行检验，采用批量统计的方法检验导航模块定位经度、纬度和高度测量误差。

7.4.2 运行稳定性

（1）试验方法和要求

探空仪的试验应首先确定被试探空仪与在用业务探空仪是否相互干扰。若相互干扰采用独立施放的方法，业务施放后，探空仪信号不对被试探空仪造成干扰时再进行试验施放；若在用业务探空仪与被试探空仪不相互干扰，可采用同球双施放的方法。

被试探空仪或探空仪信号接收处理设备的运行施放试验通常每天进行一次，施放持续时间为 3 个月以上，08 时和 20 时的施放次数应相同。

（2）统计内容和项目

运行稳定性通常给出以下项目的统计结果：基测合格率、探空仪频率稳定性合格率、探测高度达标率、重放球率、探空曲线异常率等，可视实际情况增加。

7.5　可靠性

7.5.1　储存可靠性

(1)储存可靠性包括电气性能和测量性能，采用储存稳定性的探空仪进行直接统计，给出储存条件下电气性能参数故障率的观测值。

(2)探空仪出现下述情况作为故障处理：

(3)各种故障及其权要求为：

各气象要素基值测定分别统计，每项不合格记录故障一次，权为0.2；

电气性能不合格每项记故障一次，权为0.2；

气象要素传感器复测，各气象要素分别统计，每项不合格记录故障一次，权为0.5；

电池的检验结果不合格每个记故障一次，权为0.5。

(4)总故障数为各次故障乘以权的和，故障率为被试探空仪总数除以加权后的故障总数。

7.5.2　施放可靠性

运行可靠性可结合外场比对和运行稳定性进行，采用加权统计的方法给出被试探空仪在实际施放条件下故障率。

在记录故障时，必须确认为被试探空仪的责任故障，不应把接收、处理设备和软件造成的故障记录在探空仪的责任故障数内，其加权遵循以下原则：

(1)因探空仪故障，按照《常规高空气象探测业务规范》要求必须重放球的，记录故障一次，权为1。

(2)基值测定不合格的被试探空仪，每台记录故障一次，温度、气压和湿度有任一项或多项不合格即判定为基值测点不合格，权为 0.2。

(3)施放过程中，发射频率超过规定值，但不影响正常接收的一次施放记故障一次，权为 0.1。

(4)由于被试探空仪信号弱或频率漂移过大，接收设备不能自动跟踪，而进行手动跟踪超过 3 分钟的记录故障一次，权为 0.2。

(5)施放过程中，接收信号连续缺测或探空曲线出现异常情况，可判定为数据可信度差但不需重放球的，温度、气压和湿度应分别记录，每要素记录故障一次，权为 0.2。

(6)其他情况，根据故障定义可判定为故障的，参照上述(1)～(5)的原则记录和加权。

以各次责任故障加权后的和作为总故障次数，以总责任故障次数除以总施放次数计算故障率。按照技术要求对被试探空仪的施放可靠性进行定性评定。

8　地面信号接收与处理设备

8.1　测量性能

若被试产品为雷达，测量性能试验前应对被试产品和标准设备进行标定和校准，包括设备水平、仰角、方位和三轴一致性等，按照 GJB 3153 的要求和方法进行。

(1)测角和测距误差

对于被试雷达，采用实际跟踪气球或反射靶的方法进行，通过比对试验确认雷达的误差。导航接收机结合导航模块的定位经度、纬度和高度测量误差一起确认。

(2)最大探测距离

最大探测距离试验用比对施放的结果统计每次施放被试探空仪的最大观测高度和最大观测距离。用配套的地面信号接收设备接收探空仪信号，在至少有三次达到或超过技术指标要求距离的情况下，其探空和测风数据应完整。若被试探空仪的信号在没有达到最大距离前消失,可采用异地施放探空仪的方法,测试其远程通信能力。

(3)最低工作仰角

最低工作仰角结合最大探测距离一起进行,可利用空中风较大的天气条件,也可以采用平飘气球或者远距离放球的方法,验证最低工作仰角时的探测能力。

(4)补充测试

若遇实际需要补测的情况,可参照 GJB 6556.3—2008 等有关技术标准补充进行。

8.2 电气性能

(1)频率范围和接收灵敏度

采用直接连接法对接收机接收频率范围和接收灵敏度进行测试。将信号发生器与接收机的天线输入端直接连接,输出端连接示波器。首先设置信号发生器输出规定值、输出幅度为固定值的信号,调节接收机,使其接收到的信号达到最强且稳定,误码率小于技术要求值。然后改变信号源输出信号的频率,分别设置为技术要求值范围内,输出幅度不变。调节接收机接收频率,使频率中心点分别为技术要求值上下限,记录接收设备的显示数据。

(2)连续工作时间

在室内室外设备架设完毕并调试合格后进行,测试时间为 24 小时;测试开始及以后每隔 2 小时对各部分操作及实时接收探空仪信号的情况进行一次检查,观察并记录设备是否出现异常情况;异常情况和故障记录应包括出现时间,发生的部位及异常或故障现象等,同时评定其对整体接收处理影响程度,并确定是否需停机检修;停机检修记录检修时间。

(3)电源适应性

采用被试设备要求的电源电压和频率供电,控制电压和频率变化在技术要求值范围内,被试设备每项要求连续工作时间,测试被试设备能否正常工作。

(4)电气安全性

检查被试设备是否有防雷装置和电路设置。在正常工作的情况下用万用表测量机壳的对地电压。在不接交流电源的情况下,用兆欧表测量机壳与电源输入线(电源插头)之间的绝缘电阻。

(5)电磁兼容性

在外场试验中进行实际测试,在被试设备周围采用电磁发生模拟器对其进行干扰,测试被试设备的工作状态,检查是否有效措施抑制系统自身产生和来自周围环境的电磁干扰及能否正常工作。

8.3 外场比对

地面信号接收与处理设备的外场比对可以配合探空仪的外场比对(7.3 外场比对)一同开展,也可以单独开展。

每次观测过程中记录地面信号接收与处理设备运行情况、维修情况,地面瞬间观测,放球时间、观测终止时间、探空终止原因、最大探测高度和最远探测距离等。

8.4 稳定性

地面信号接收与处理设备的稳定性可以配合探空仪的稳定性(7.4 稳定性)一同开展,也可以单独开展。

(1)试验方法和要求

地面信号接收与处理设备应首先确定其与业务在用的是否相互干扰。若相互干扰,采用独立施放,业务施放后,探空信号不对被试地面信号接收与处理设备造成干扰时,再进行试验施放;若在用的与被试的不相互干扰,可采用同球双施放。

被试地面信号接收与处理设备的运行施放通常每天进行一次,施放持续时间为 3 个月以上,08 时和 20 时的施放次数应相同。

(2)统计内容和项目

稳定性通常给出以下项目的统计结果:自动跟踪合格率、信号接收处理设备的故障率等,可视实际情况增加。

8.5 可靠性

地面信号接收与处理设备的可靠性可以配合探空仪的可靠性稳定性(7.5 可靠性)一同开展,也可以单独开展。

可靠性结合动态比对和稳定性进行,采用直接统计方法给出在实际施放条件下故障率。

地面信号接收与处理设备出现异常:对观测资料产生影响,但不导致观测中止的,同类型事件出现二次以上的;未对观测资料产生直接影响,同类型事件出现五次以上的;导致系统无法工作,不能获取资料的。以上三种情况均评定地面信号接收与处理设备存在故障。

故障在观测期间无法排除的,认定为致命性故障,观测终止。

8.6 维修性

用外场比对和稳定性被试设备发生的故障维修情况进行统计,应详细记录每次故障的维修持续时间,维修方法,所用工具、仪表和人数,并评定故障维修的难易程度。

用维修的总时间除以维修的故障数给出平均修复时间。

9 软件系统

软件系统由被试单位确认可以与硬件协同工作后,在交接检查、外场比对和稳定性中同步开展。具体测试内容和方法如下:

(1)安装测试

确保软件系统在正常情况和异常情况下,进行首次安装、升级、完整的或自定义的安装都能进行。异常情况包括磁盘空间不足、缺少目录创建、制定的安装磁盘不存在等。核实软件系统在安装后可以立即正常运行。安装手册或安装说明文件完整,提供如何进行安装,说明文字清晰易懂。

(2)卸载测试

确保软件系统在正常情况和异常情况下,对软件系统的全部、部分或升级进行卸载,测试软件系统能否卸载,卸载是否干净,对软件系统有无更改,在软件系统中的残留与后来在安装生成的文件如何处理等。

(3)用户界面测试

运行软件系统,检查菜单、对话框、窗口以及其他控件的文字是否正确,页面是否美观,文字图片组合是否完美,操作是否友好。检查出错提示、帮助信息是否完备。

(4)功能测试

包括正面测试和负面测试两个部分。正面测试功能需求书所要求的软件功能是否都具有且功能完善。负面测试软件系统是否不执行它不应该完成的操作,也就是功能需求书要求之外的功能是否存在于软件中

(5)安全恢复测试

测试软件系统在系统重启或突然断电等问题时,软件的恢复时间、恢复程度,以及对已接收到的数据存贮完整性,配置数据文件的完整性等。

(6)可靠性和可维修性

记录软件系统异常出现的时间以及造成的影响。当遇有故障时,应首先确认后,进行排查处理,详细地记录软件故障出现时间、故障现象、故障原因、故障维修内容、维修结果和维修起止时间。

(7)软件故障认定

软件出现异常,对观测资料产生影响,但不导致观测失败的,同类型事件反复出现二次以上的认定为故障;软件出现异常,未对观测资料产生直接影响,同类型事件反复出现五次以上的认定为故障;软件出现异常,导致观测无法进行的认定为故障。

故障在观测期间无法排除的,认定为致命性故障,观测终止。

10 数据处理

10.1 测量性能

(1)计算各气象要素各测试点每次测量被试探空仪对于标准器的差值,以各次差值计算各测试点的系统误差和标准偏差。

(2)用系统误差和标准偏差计算各测试点的误差区间(置信因子 k 根据试验约定),误差区间的任一边的数值超出了被试技术指标要求的范围,判定为不合格,否则为合格。任一个气象要素的任一测试点不合格则判定为被测气象要素的测试结果不合格。

10.2 外场比对

10.2.1 探空

分别计算被试探空仪对于参考标准的误差和自比较的一致性误差,用系统误差和标准偏差表示。

(1)对于温度、气压和湿度,每次施放气球都采用被试探空仪录取数据的最小间隔并保持时间同步,计算被试探空仪对于参考标准探空仪的差值和两个被试探空仪间的差值。

(2)按照要求等压面区间分别将温度、气压和湿度差值进行分组处理,计算各组的系统误差和标准偏差。在计算之前,应首先剔除异常值(按照第一部分中 10.1 数据质量控制执行)。

(3)被试探空仪与参考标准的误差分析,分别在同一直角坐标内制作温度、气压和湿度全部施放气球时录取的数据图形,被试探空仪对于参考标准探空仪的测量误差变化的连续图形,以表示被试探空仪的测量误差随施放时间的变化和离散程度。

(4)被试探空仪自比较的一致性误差分析,分别在同一直角坐标内制作温度、气压和湿度全部施放,两个被试探空仪间的测量误差变化的连续图形,以表示被试探空仪间相互误差随施放时间的变化和离散程度。

(5)区分日间和夜间 400 hPa 等压面高度以上的温度差值，分别分层计算各层被试探空仪对于参考标准探空仪的系统误差和标准偏差；制作不同施放时间被试探空仪温度系统误差随施放时间变化的图形，以描述被试探空仪不同施放时间温度系统误差的变化，同时说明被试探空仪不同施放时间温度辐射误差的差异。

(6)分别制作各次比对被试探空仪和参考标准探空仪湿度随气球上升时间变化的曲线，同时将参考标准探空仪的温度随时间变化的曲线显示在同一坐标内，通过观察给出两种探空仪定性的比对结果。特别说明高湿、低湿和不同温度条件两种湿度测量特性的差异。

(7)用被试探空仪的自比对结果，分层给出被试探空仪的一致性；用被试探空仪与参考标准探空仪的比对结果，分层给出被试探空仪的可比较性。

(8)分别用被试探空仪自比对和与参考标准探空仪的比对误差曲线和各分层的系统误差和标准偏差，说明被试探空仪测量结果的一致性和可比较性，对被试探空仪进行综合评定。

10.2.2　测风

(1)在进行风向风速测量误差的试验前，应采用与标准设备同时跟踪同一气球进行比较的方法，首先对气球定位设备的定位误差进行测试，以证明符合其技术指标要求。

(2)标准设备对气球仰角、方位角和距离的定位误差应不超过被试定位设备相应误差的 1/3，否则应以误差分离的方法，去除试验结果中标准设备的误差。

(3)计算风向风速的气球角坐标数据，包括方位角、仰角和距离(高度)，在计算风向和风速之前，应允许进行平滑和剔除异常数据处理(按照第一部分中 10.1 数据质量控制执行)。

(4)可以采用扩大风速计算时间间隔的方法减少风向和风速的误差，但比较双方计算风向风速的时间间隔应相同。

(5)若被试设备的风向风速测量性能的试验是与探空仪温度、气压和湿度一起进行的,可采用探空仪动态施放试验的数据;若为单独的测风性能试验,施放气球的次数不应少于20次。

(6)应首先用被试探空仪录取数据的最小时间间隔并采用时间同步的数据计算每相邻两次对气球的定位数据,计算得到在南北和东西方向上的风速分量,然后进行平滑或平均,可采用矢量滑动平均法也可采用矢量分层平均法。

(7)若采用滑动平均法,被试设备与标准设备所采用的滑动平均时间应相同;若采用分层平均法,被试设备与标准设备所采用的分层厚度和高度应相同,并以被试设备要求的分层厚度为基础,使标准设备与被试设备的厚度和高度间隔一致。

(8)用每个滑动平均或分层平均时段的两个风速分量分别求取平均值,然后再合成滑动平均时段或分层平均时段内的风向风速值。风向和风速的计算方法应符合《常规高空气象观测业务规范》的相关要求。

(9)若采用矢量滑动平均方法,被试设备风向和风速测量误差的计算间隔通常为30 s,然后按照要求等压面进行统计,计算所有施放各层的系统误差和标准偏差。

(10)若采用矢量分层平均法,被试设备风向风速测量误差的计算以所有施放各层的系统误差和标准偏差,并说明误差范围。

(11)两种平均方法的数据,都应在同一直角坐标系内制作每次被试设备的风向风速测量误差与对应施放时间或对应分层高度的误差曲线,用于定性说明各次施放被试设备风向风速的误差分布情况。

(12)用误差曲线和各分层的系统误差和标准偏差,说明被试设备与参考标准风向和风速测量结果的关系和误差大小并进行综合评定。

11 结果与评定

气象气球、探空仪、地面信号接收与处理设备、软件系统等符合第一部分的要求。当满足以下几个条件时,评定合格,当任一条件不满足，则评定不合格。同时对能否投入业务使用提出明确的意见，对出现的问题提出具体的改进建议。

(1)交接检查合格；

(2)环境适应性合格；

(3)测量性能合格；

(4)电气性能合格；

(5)外场比对合格；

(6)稳定性合格；

(7)可靠性合格；

(8)维护性合格。

参考文献

中国气象局，2010. 常规高空气象观测业务规范. 北京：气象出版社.

第五部分　天气雷达

1　范围

本部分规定了天气雷达测试的要求、内容和方法。

本部分适用于天气雷达的测试。

2　规范性引用文件

GB 5080.7—1986　设备可靠性试验

GB 8702—2014　电磁环境控制限值

GJB 151B—2013　军用设备和分系统电磁发射和敏感度要求与测量

GJB 2072　维修性试验与评定

QX/T 2—2016　新一代天气雷达站防雷技术规范

3　基本要求

应符合第一部分 4.2 的相关要求。

4　交接检查

除按照第一部分 8.2 和 8.3 的要求进行外观、结构和成套性检查外，还应进行雷达开机检查，以确定被试雷达是否能够正常工作。

5　技术性能测试

5.1　天线和馈线

5.1.1　波瓣宽度

测量天线最大辐射方向两边的两个半功率点之间的夹角。测试所用仪器、辅助天线、安装塔架和被试雷达的布置如图1所示。

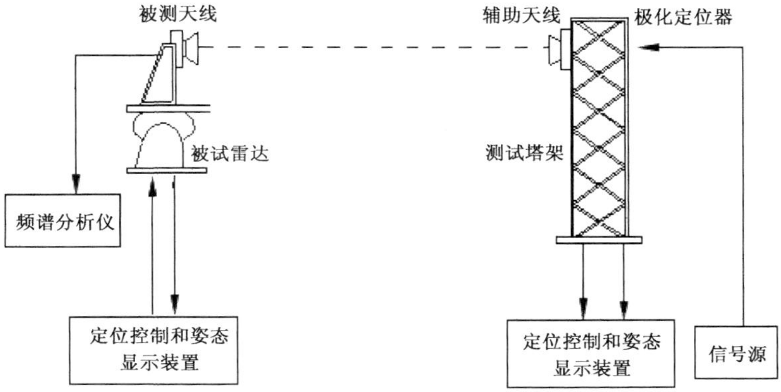

图1　典型的天线测试系统框图

测试步骤：

a)将被测天线按图1连接到测试系统中，辅助天线与被侧天线之间的最小距离 R 满足式(1)，

$$R \geqslant 2D^2/\lambda \quad (1)$$

其中，D 为被测天线的口径；λ 为工作波长。

b)将辅助天线与被测天线的极化状态调至匹配。

c)将信号源的频率设置为被测天线工作的中心频率 f_0，使辅助天线与被测天线的主瓣最大并在方位面和俯仰面都对准，记录频谱分析仪接收电平为 A。

d)将被测天线在方位上顺时针旋转，直至频谱分析仪接收电平

至 $A-3$,记下此时被测天线支座的方位刻度 θ_1;再逆时针旋转使频谱分析仪接收电平达到 $A-3$,记下这时天线支座的方位刻度 θ_2。按公式(2)计算被测天线波束宽度 $\theta_{0.5}$。

$$\theta_{0.5}=|\theta_1-\theta_2| \tag{2}$$

e)将信号源频率依次设置其他工作频率点,重复 c)至 d)的测试,以得到其他频率点的波瓣宽度值。

f)将被测天线和辅助天线均旋转 90°,重复 b)至 e)的测试,以得到另一主平面被测天线不同频率点的波瓣宽度值。

5.1.2 副瓣电平

在 5.1.1 测试的基础上进行,测量最大副瓣峰值电平与主瓣峰值电平的比值。测试步骤如下:

a)将被测天线在方位面逆时针旋转,找出最大副瓣电平并记录右边副瓣电平为 A_R,再将被测天线顺时针旋转,使频谱分析仪接收电平经最大值后继续向右旋转,找出最大副瓣电平并记录左边副瓣电平为 A_L,按公式(3)计算被测天线副瓣电平 S_L:

$$S_L=\max(A_L、A_R)-A \tag{3}$$

式中:$\max(A_L、A_R)$ 为 A_L、A_R 中的最大值。

b)将信号源频率依次设置为其他工作频率点,重复 a)的测试和计算,以得到其他频率点的副瓣电平;

c)将被测天线和辅助天线均旋转 90°,重复 a)的测试和计算,以得到另一主平面各个频率点的副瓣电平值。

5.1.3 天线增益

在 5.1.1 条测试的基础上进行,测量天线在最大辐射方向上的功率增益,测试步骤如下:

a)用标准增益天线代替被测天线接入测试系统,并调整标准增益天线的方位角和仰角,使信号电平最大,记录频谱分析仪的接收电平为 A_1;

b)按公式(4)计算被测天线在 f_0 的增益：

$$G=G_0+A-A_1 \tag{4}$$

式中：G 为天线增益；G_0 为标准增益天线增益；

c)将信号源频率依次设置为其他工作频率点，重复 a)、b)的测试，以得到其他频率点上的天线增益。

5.1.4 天线罩损耗、波束展宽、引入波束偏差

在 5.1.1 条测试的基础上进行，测试步骤如下：

a)将被测天线加上天线罩，重复 5.1.1 中的 a)～ f)的测试，记录频谱分析仪接收电平 A_2；

b)按公式(5)计算被测天线的天线罩在额定频率 f_0 的损耗：

$$\Delta G=A-A_2 \tag{5}$$

式中：ΔG 为被测天线的天线罩在 f_0 的损耗。

c)将信号源频率依次设置为其他工作频率点，重复 a)的测试，得到其他频率点上天线罩损耗。

d)波束展宽为加天线罩前后的波束宽度之差。

e)引入波束偏差为加天线罩前后的波束中心指向之差。

5.1.5 电压驻波比

测量天线馈线系统工作频带范围内的最大电压驻波比，测试框图见图 2。

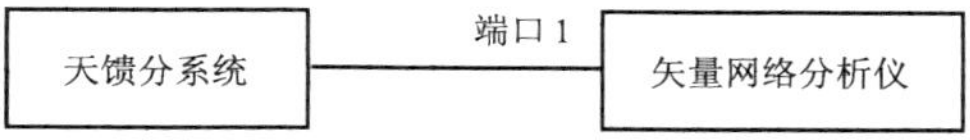

图 2 电压驻波比测试框图

测试步骤如下：

a)根据天馈系统工作频带设置矢量网络分析仪的测试频带，将测试参数设置为 S11，参数形式设为电压驻波比；

b)将开路器、短路器、负载分别接入矢量网络分析仪的端口 1 按

仪器提示进行操作；

c)将被测天馈系统接入矢量网络分析仪的端口 1 进行电压驻波比测试，找出频带范围内的最大值即为被测天馈系统的电压驻波比。

5.1.6 收发隔离度

测量天馈分系统工作频带范围内发射通道和接收通道之间的隔离度，测试框图见图 3。

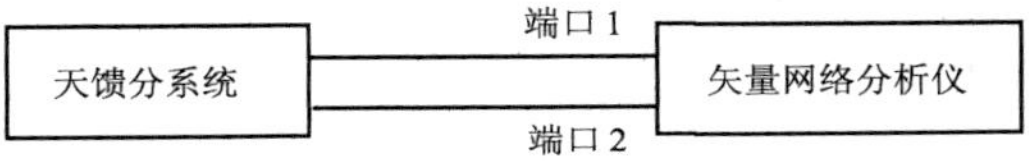

图 3 收发隔离度、天馈分系统损耗测试框图

测试步骤如下：

a)根据天馈分系统工作频带设置测试频带，将测试参数设置为 S21，参数形式设为幅度；

b)将矢量网络分析仪的端口 1、端口 2 直接连接，按仪器提示进行测试；

c)将被测天馈分系统的发射机输入端接入矢量网络分析仪的端口 1，接收机输入端接入矢量网络分析仪的端口 2 进行收发隔离度测试，找出频带范围内的最小值即为被测天馈分系统的收发隔离度。

5.1.7 天线和馈线系统损耗

在 5.1.6 的测试基础上进行，测量天馈线分系统工作频带范围内发射通道、接收通道损耗，测试框图见图 3。

将被测天馈分系统的发射机输入端接入矢量网络分析仪的端口 1、天线输入端接入矢量网络分析仪的端口 2 进行发射通道损耗测试，找出频带范围内的最小值即为被测天馈分系统的发射通道损耗；再将被测天馈分系统的天线输入端接入矢量网络分析仪的端口 1、接收机输入端接入矢量网络分析仪的端口 2 进行接收通道损耗测试，找出频带范围内的最小值即为被测天馈分系统的接收通道损耗。

5.2　发射机

5.2.1　发射中心频率

测量发射机射频信号的中心频率，测试框图见图 4。

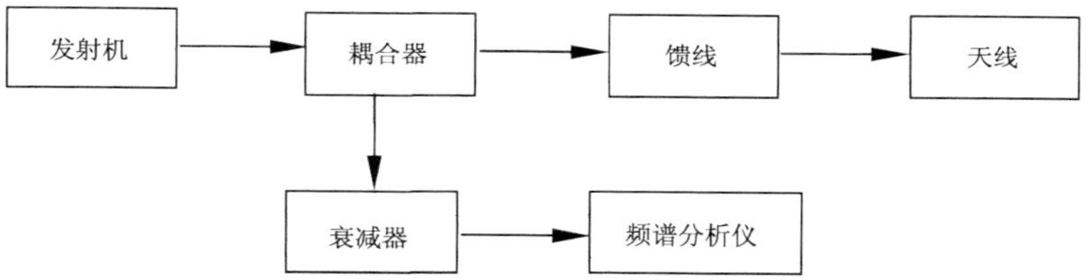

图 4　发射频率、射频脉冲频谱测试框图

测试步骤如下：

a）在被试雷达发射机和馈线之间加耦合器引出信号；

b）调整衰减器使发射耦合信号衰减最大；

c）设置频谱分析仪中心频率为雷达工作中心频率，扫描带宽比雷达工作带宽大 100 MHz；

d）调整衰减器的衰减量，使频谱分析仪接收功率电平大于 60 dBmW，捕捉最大功率电平值，直接在频谱分析仪上读出所对应的频率，即为发射中心频率；

5.2.2　发射射频脉冲频谱

在 5.2.1 的基础上进行，测量射频信号的频谱，测试步骤如下：

a）调整衰减器使发射耦合信号衰减最大；

b）调节频谱分析仪，使“频标”图像在扫描线中央；

c）调整衰减器衰减量，使之显示出频谱图像，如图 5；

d）测试发射脉冲的频谱宽度，首先将“频标”移到频谱主副瓣之间第一个交点，记下频差数 f_1，再将频标移到主副瓣另一交点，记下

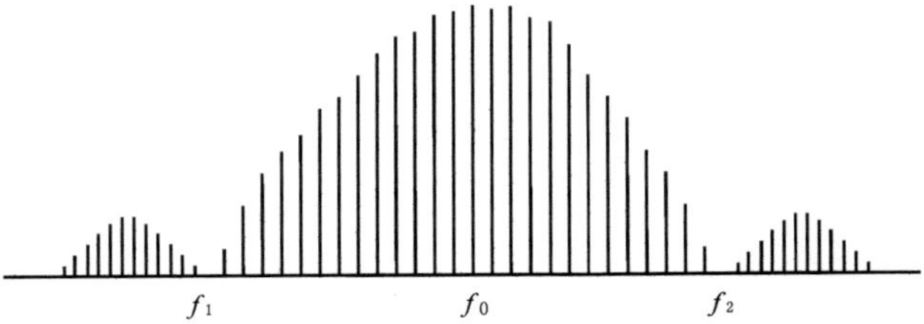

图 5 射频脉冲频谱图

另一频差 f_2,按公式(6)计算频谱宽度 Δf:

$$\Delta f = f_2 - f_1 \tag{6}$$

e)观察频谱光滑程度,对频谱质量作出评价。

5.2.3 发射功率(峰值功率)

5.2.3.1 测量在发射机输出端处发射脉冲持续期内的射频功率,有使用大功率计和使用小功率计两种方法,测试框图见图 6。

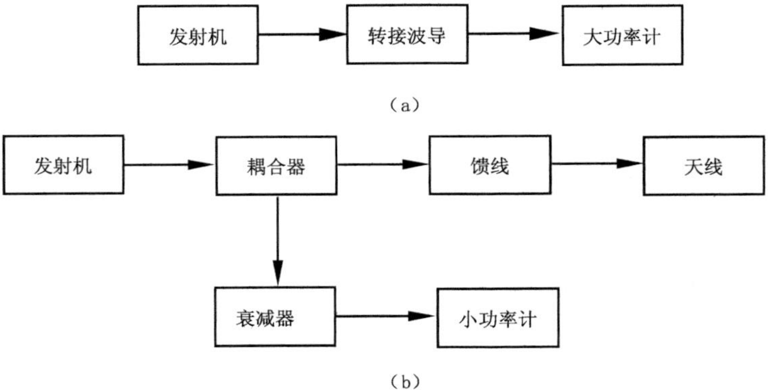

图 6 脉冲功率测试框图

a. 使用大功率计测试测试框图;b. 使用小功率计测试测试框图

5.2.3.2 使用大功率计时,测试方法和步骤如下:

a)按图 6a 连接;

b)按测试仪表要求做好测试前的准备，并进行“高频功率”表的刻度校准；

c)加发射机高压，使发射机电流达到额定值，即可从高频功率指示表头上直接读出被测平均功率 P_m；

d)根据公式(7)计算脉冲功率：

$$P_t=\frac{P_m}{f_r\tau} \qquad (7)$$

式中：P_t 为脉冲功率；f_r 为脉冲重复频率；τ 为脉冲宽度；

e)当发射机具有两种以上发射脉冲宽度工作方式时，应在两种以上情况下进行测试。非点频工作的雷达发射机，应在其他频率上进行功率测试。

5.2.3.3　使用小功率计时测试方法和步骤如下：

a)按图 6b 连接，调整衰减器使发射耦合信号幅度为合适大小；

b)反复检查小功率计外壳接地端与被测系统接地是否良好，被测系统中各连接头接触可靠；

c)加发射机高压，使发射功率达到额定值，先进行粗测，定出数量级后再重选合适的匹配探头进行精测，此时小功率计上指示的功率数为经过双向耦合器和衰减器衰减若干倍后的功率读数，将此功率衰减分贝数换算成倍数与小功率计读数乘积为平均功率；

d)按公式(7)计算出发射脉冲功率；若采用脉冲功率计，则直接读数；

e)当发射机具有两种以上发射脉冲宽度工作方式时，应在两种以上情况下进行上述 c)、d)测试计算；非点频工作的雷达发射机，在其他频率上也应进行功率测试。

5.2.4　射频脉冲包络

测量射频脉冲经检波后的视频脉冲波形，测试框图见图 7。

测试方法和步骤如下：

a)按图 7 连接，调整衰减器使发射耦合信号衰减最大；

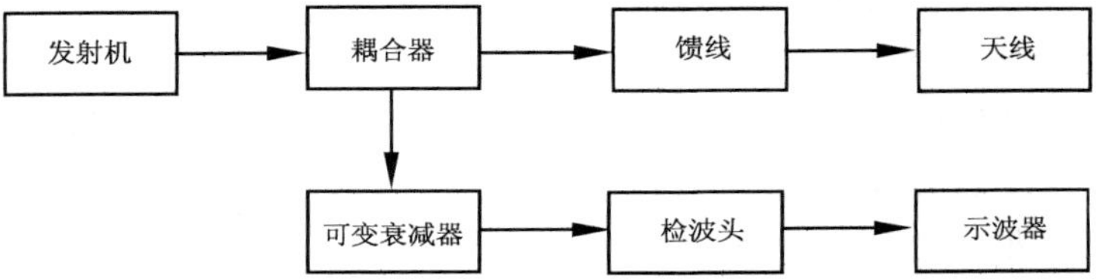

图 7　射频脉冲包络、脉冲重复频率测试框图

b)接通发射机高压,使发射机工作于额定电流值;

c)调节衰减器和检波头,使示波器上显示的图形最清晰,见图 8;

d)测量脉冲参数、脉冲宽度、幅度、上升时间、下降时间、上冲、下冲、顶部降落。

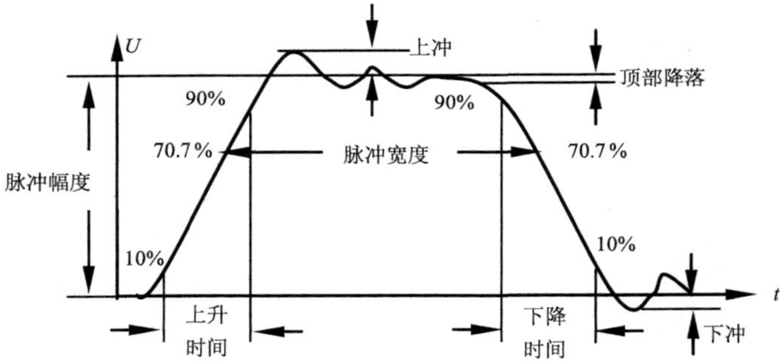

图 8　射频脉冲包络示意图

5.2.5　脉冲重复频率

测量发射机每秒钟所产生的射频脉冲(或脉冲串)的数目,脉冲重复频率测试框图见图 7。

通过示波器观测脉冲包络的重复频率,即为发射脉冲的重复频率。

5.3　接收机

5.3.1　接收机灵敏度

5.3.1.1　测试接收机接收微弱信号的能力，用接收机输入端的最小可检测信号功率表示。对测试环境和仪表的要求如下：

a)信号源的频率测量误差应在自频控剩余误差以内，信号源输出信号幅度和衰减器的误差应不大于 0.5 dBmW，信号源的漏能功率应低于从正规通道进入接收机的信号功率；

b)信号源的输出信号应按产品具体规范要求来调整，一般有连续波信号、脉冲调制信号等；

c)测试场地应是干净的电磁环境，除被测接收机和信号源以外，没有其他频率相近或与接收机中频相近的能量源，最好在屏蔽房或微波暗室内进行测试。

5.3.1.2　测试框图见图 9。

图 9　接收机灵敏度测试框图

5.3.1.3　测试步骤如下：

a)按图 9 连接，将信号源的频率调至被测雷达接收机工作的中心频率 f_0 上；

b)接收机增益置于适当位置(一般在最大增益位置)，使指示器上得到接收机的噪声值 A_1；

c)调节信号源的输出幅度或调整衰减器的衰减量，使接收机的输出值为 A_2，且使 A_2/A_1 的比值等效于功率比值为 2；

d)此时加到接收机输入端的信号功率即为雷达接收机的灵敏度；

e)可重复测量几次，取其平均值，作为接收机灵敏度。

5.3.2　噪声系数

测量接收机内部噪声的大小,是接收机输入端信号噪声比与输出端信号噪声比的比值,通常用分贝表示。

采用噪声系数测试仪表直接进行测试,测试框图见图10。

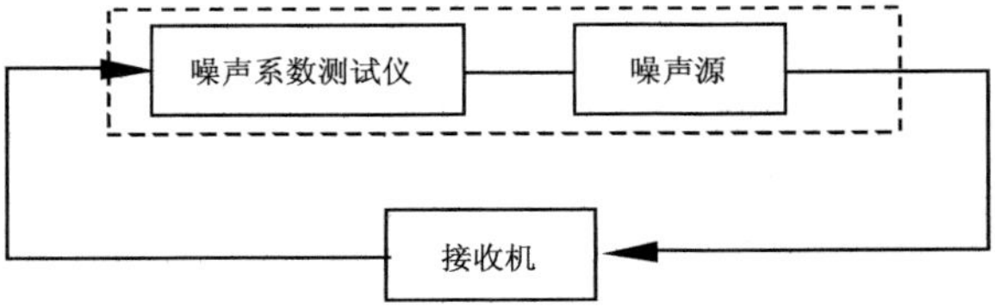

图10　噪声系数测试框图

测试步骤如下:

a)按图10连接设备;

b)对噪声系数仪表进行初始设置;

c)先将噪声系数仪的附件噪声源直接接入仪表的输入输出端,进行校准;

d)然后将被测接收机接入,进行噪声系数测量。

5.3.3　中频频率

5.3.3.1　测试框图

测试框图见图11和图12。

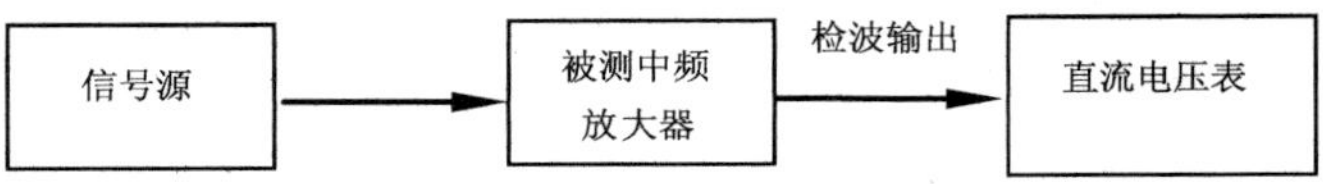

图11　中频频率测试框图

5.3.3.2　测试方法1

此方法适用于频率响应曲线对称的窄带中频放大器。测试框图见图11。

信号源输出适当幅度的等幅信号，微调信号频率使直流电压表指示最大。调整信号输出幅度，使直流电压表指示在产品规定的标称值，再微调信号源频率使直流电压表指示最大。此时信号源的频率即为接收机中频频率。

5.3.3.3 测试方法 2

此方法适用于采用滤波器，如陶瓷滤波器、声表面波滤波器、螺旋线滤波器、LC 滤波器等，以及响应曲线不对称时的中放。此时，带宽的中间值即为中频频率。测试框图见图 12。

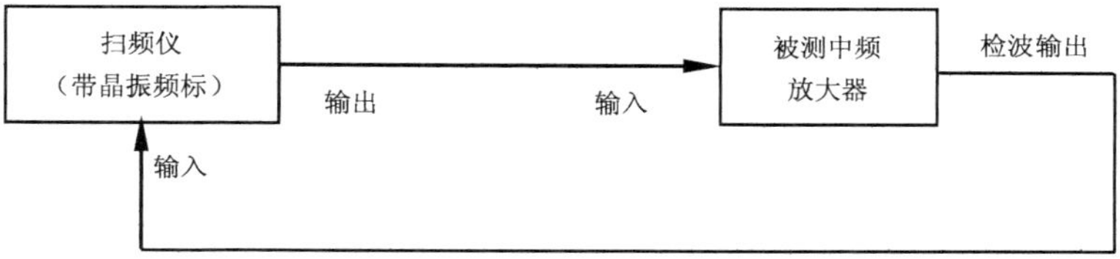

图 12 中频频率扫频测试框图

信号源输出适当幅度的等幅信号，微调信号频率使直流电压表指示最大。调整信号输出幅度，使直流电压表指示产品规定的标称值。改变信号源频率，频率升高至直流电压表指示为标称值的 0.707 倍时，频率为 f_1，频率降低至直流电压表指示为标称值的 0.707 倍时，频率为 f_2，则按公式(8)计算中频频率 f_0：

$$f_0=\frac{f_1+f_2}{2} \tag{8}$$

若接收机为宽频带中放，可采用有晶振频标的扫频仪测试，在扫频仪上呈现的频率响应曲线最大值为 0 dB，在 −3 dB 处的两点对应的频率各为 f_1 和 f_2，中频频率 f_0 仍按公式(8)计算。

5.3.4 中频带宽

测量接收机中频放大器的 3dB 带宽；通常采用扫频测试法，测试框图见图 13。

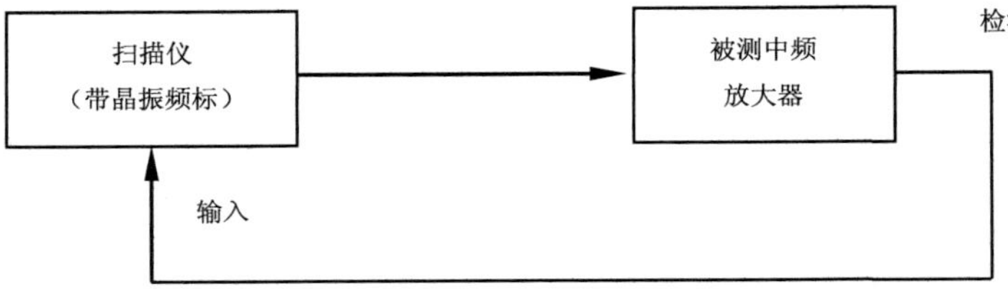

图 13　扫频测试法测试框图

被试雷达与仪器按图 13 连接,可得频率响应曲线见图 14。

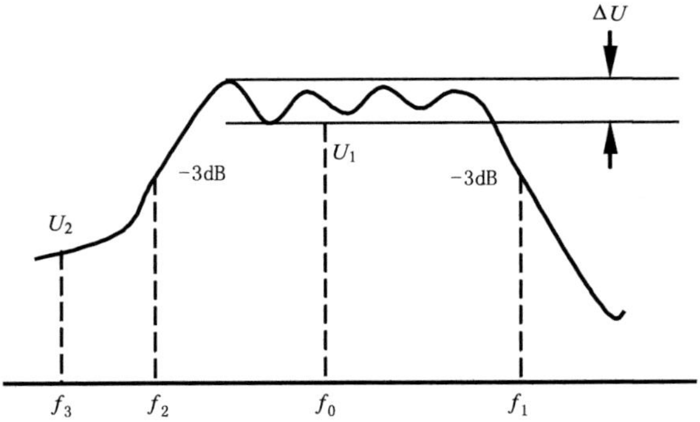

图 14　扫频仪呈现的频率响应曲线

首先把扫频仪探头放在被测中放的输入端,调节好"中心频率"和调整输出衰减"Y 轴增益",使荧光屏上显示的图形在纵轴上占有一定格数(如 10 小格)。然后保持"Y 轴增益"不变,把探头移到中放末级的输出端,再调节输出衰减,使光屏上显示的图形在纵轴上也是 10 小格;

以曲线的最大值为 0 dB,在－3 dB 处的两点所对应的频率各为 f_1 及 f_2,按公式(9)计算中频带宽 Δf:

$$\Delta f = f_1 - f_2 \tag{9}$$

若为数字中频放大器,采用检查数字滤波器 3 dB 带宽的方法。

5.3.5　接收机增益

测定自接收机前端至输入到中频检波器输出，对信号可呈现的最大增益，通常用频谱分析仪直接进行测量，测试框图见图 15。

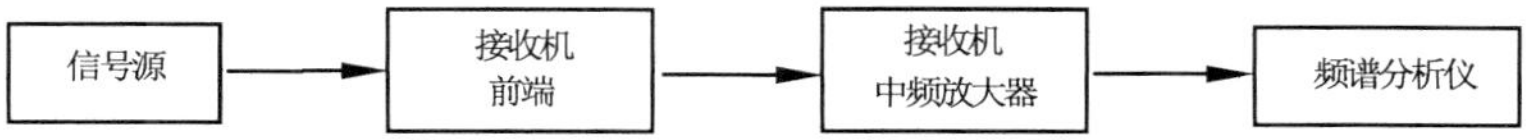

图 15　接收机增益测试框图

测试方法和步骤如下：

a)按图 15 连接；

b)信号源频率设置为工作频率，输出功率调节在接收机线性区，记录为 G_1；

c)使用频谱仪测量接收机中放输出，读出此时频谱仪功率，记录为 G_2；

d)按公式(10)计算中频接收机增益 G：

$$G = G_2 - G_1 \tag{10}$$

5.3.6　接收机动态范围

测定接收机不饱和时的最大输入信号功率与最小可检测信号功率之比，通常以 dB 表示。

不包括高放、混频器，只测中放电路的动态范围时，仪器设备按图 16 连接；包括高放混频时，按图 17 连接。

在大信号输入时，要随时观察中频放大器末级和视频放大器输出是否饱和。对圆锥扫描雷达应观察锥扫包络是否失真。

测试步骤如下：

a)按图 16 或图 17 连接；

b)按产品规范调节信号源，输出接收机所需信号，用示波器观测接收机输出信号。

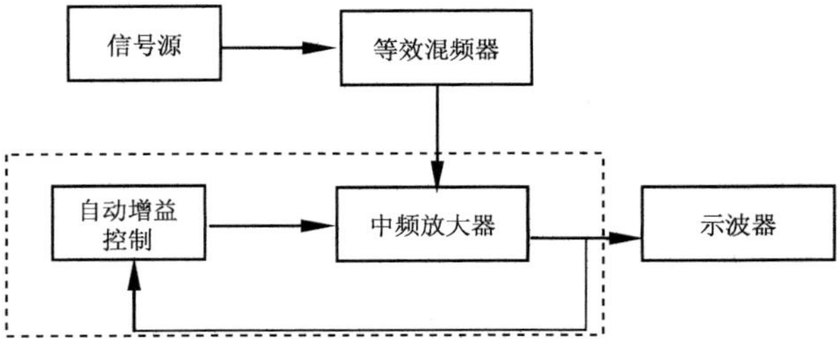

图 16　中频衰减法测试框图

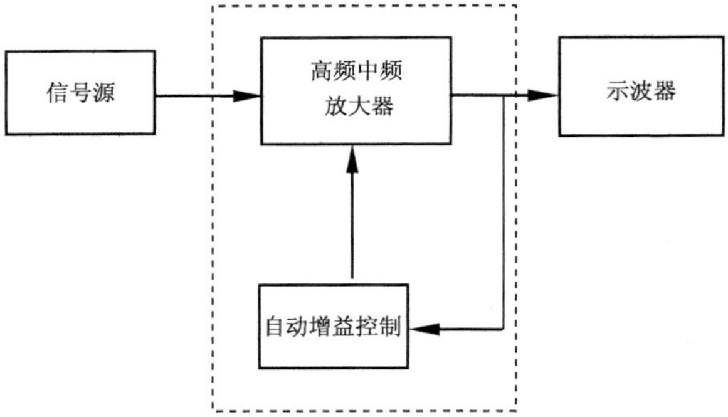

图 17　高频衰减法测试框图

c)调整信号源输出幅度，从示波器观测接收机不饱和时的最大输入信号功率 D_2 与最小可检测信号功率 D_1，其中，根据曲线即可确定输出电压的变化量 ΔU_0 和输入动态范围 D；

d)按公式(11)计算动态范围 D。

$$D = D_2 - D_1 \tag{11}$$

5.3.7　接收系统动态范围

测量系统不饱和时的最大输入信号功率与最小可检测信号功率之比，通常以 dB 表示。系统动态范围包含接收机、信号处理等全部接收处理通道。测试框图见图 18。

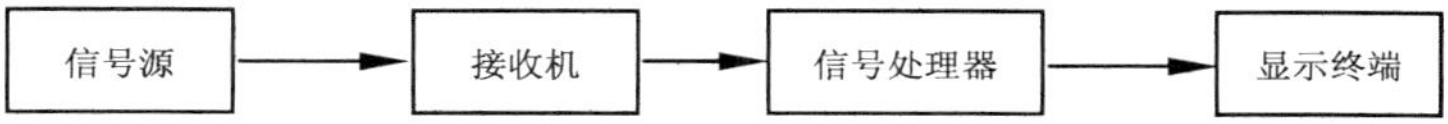

图 18　系统动态范围测试框图

测试方法和步骤如下：

a)按图 18 连接；

b)调节信号源，输出系统所需的接收信号，观察显示终端的强度值；

c)根据输入、输出数据，采用最小二乘法进行拟合，由实测曲线与拟合直线对应点的输出数据差值≤1.0 dB，来确定接收机低端下拐点 D_1（最小可测信号）和高端上拐点 D_2（饱和点），输入动态范围 D；

e)按公式(11)计算系统动态范围 D。

5.4　伺服系统

5.4.1　天线控制方式

5.4.1.1　手控方式

测试手控最大转动角速度，检查手控工作范围。

测试步骤如下：

a)置手控工作方式，转动方位操作机构，检查手控方式方位角工作范围；

b)天线仰角工作范围测试方法同 a)；

c)以最大速度转动方位操作机构，用秒表测量天线在方位上转360°所需的时间，即可求出天线方位角手控方式时的最大转动角速度；

d)以最大速度转动俯仰角操作机构，用秒表测量天线在仰角转60°所需时间，即可求出其仰角最大转动角速度；

e)测试天线俯仰工作范围及最大转动角速度时，应根据具体的产品规范规定测量机械和电气止档的范围。

5.4.1.2 自动扫描方式

测试天线在自动扫描(扇扫、环扫、体积扫描)状态的工作范围和扫描速度。

测试步骤如下:

a)接通雷达电源,置“扇扫”或“环扫”或“体积扫描”状态,用秒表测量天线转过两个周期以上的时间,计算出扫描速度;

b)如果有慢档和快档,应分别测试;

c)“扇扫”时,记录扇扫的起始角和终止角,二者之差即为“扇扫”工作范围;“体积扫描”时,仰角按产品规范规定的步进值测试。

5.4.2 天线指向误差

采用太阳法。

调整雷达天线使其指向太阳,使雷达接收到的噪声最大,以对准太阳。用天文学公式计算太阳的方位角和仰角作为标准值,计算被试雷达的方位角和仰角误差。

至少选择五个太阳处于不同仰角和方位角的测试点,取被试雷达方位角和仰角的平均值作为测量结果。

5.5 整机性能

5.5.1 改善因子

5.5.1.1 测试原理

通过测量雷达主要分系统对改善因子的限制,推算雷达系统的改善因子。主要测量接收机射频激励信号对改善因子的限制 I_1、发射机射频输出信号对改善因子的限制 I_2、模数变换器(A/D)位数对改善因子的限制 I_3 以及动目标显示(MTI)滤波器对改善因子的限制 I_4 等指标,按公式(12)计算系统的改善因子 I:

$$\frac{1}{I}=\frac{1}{I_1}+\frac{1}{I_2}+\frac{1}{I_3}+\frac{1}{I_4} \qquad (12)$$

5.5.1.2 接收机对改善因子的限制

使用频谱分析仪，测量接收机射频激励信号对改善因子的限制，测试框图见图 19。

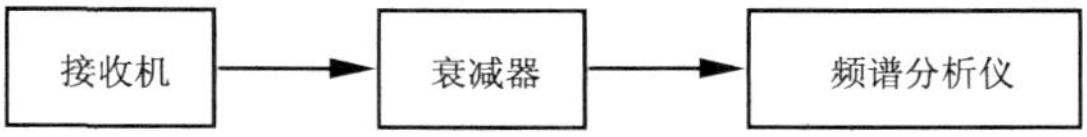

图 19 接收机对改善因子的限制测试框图

测试步骤如下：

a)按图 19 连接仪器设备；

b)接通接收机电源，射频激励信号经衰减器衰减后，满足频谱分析仪输入范围；

c)用频谱分析仪观察接收机输出射频激励信号的频谱；

d)展开频谱波形，当显示带宽为 BW 时，观察到信噪比 S/N；

e)按公式(13)计算接收机对改善因子的限制 I_1：

$$I_1 = S/N + 10\lg BW - 10\lg f_r \qquad (13)$$

式中：BW 为频谱分析仪分析带宽；f_r 为雷达脉冲重复频率。

5.5.1.3 发射机对改善因子的限制

使用频谱分析仪，测量发射机射频输出信号对改善因子的限制，测试框图见图 20。

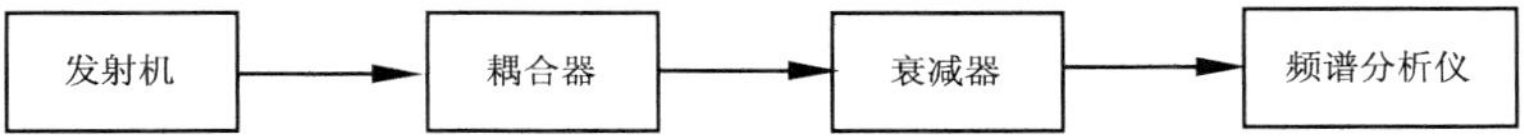

图 20 发射机对改善因子的限制测试框图

测试步骤如下：

a)按图 20 连接；

b)雷达开机，发射机工作，输出射频信号经衰减器衰减后，满足频谱分析仪输入范围；

c)用频谱分析仪观察发射机输出信号的频谱；

d)展开频谱波形，当显示带宽为 BW 时，观察到信噪比 S/N；

e)按公式(13)计算发射机对改善因子的限制 I_2。

5.5.1.4 A/D 位数对改善因子的限制

使用逻辑分析仪,测量 A/D 变换器的有效位数。

测试步骤如下:

a)将 A/D 变换器前级输入断开,并接上匹配负载,A/D 变换器的输出端各位接入逻辑分析仪;

b)用逻辑分析仪观测 A/D 变换器自身的噪声,测出 A/D 变换器的有效位数;

c)按公式(14)计算 A/D 位数对改善因子的限制 I_3:

$$I_3 = 20\lg[(2^N - 1)/0.75] \tag{14}$$

式中:N 为 A/D 的有效位数。

5.5.1.5 MTI 滤波器对改善因子的限制

采用接口工装,将信号处理器的输出转换为计算机通信格式,测试 MTI 滤波器的幅频特性曲线,得到 MTI 滤波器对杂波的抑制度。

测试框图见图 21。

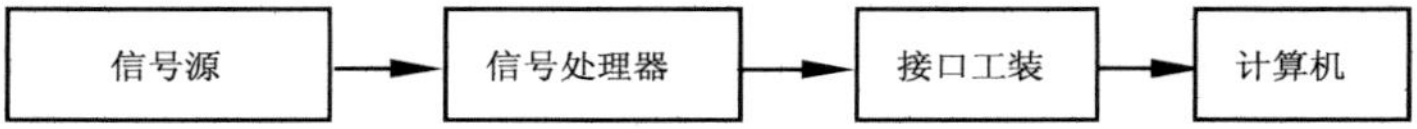

图 21 MTI 滤波器对改善因子的限制测试框图

测试步骤如下:

a)按图 21 连接;

b)按产品规范调节信号源输出,且输入信噪比比滤波器抑制度高 5 dB~10dB,但不超过 A/D 的动态范围;

c)调节信号源频率,通过接口工装传输到计算机,作出 MTI 滤波器的幅频特性曲线;

d)根据产品规范,得到一定谱宽内的 MTI 滤波器抑制度,即 MTI 滤波器对改善因子的限制 I_4。

5.5.2　地物抑制能力

在晴空天气条件下，用运行抑制地物回波程序前后的地物回波进行比较，采用运行前后功率比或单库 FFT 估算地物对消能力。

5.5.3　速度和测速展宽能力

采用机内信号源进行测量。

变化注入信号的频率，检验雷达双脉冲重复频率（DPRF/APRF）模式工作时的测速展宽能力。

5.5.4　数据处理终端

根据被试雷达技术指标规定的数据处理终端的功能，通过软件操作逐项进行检查，观察显示界面是否友好，软件是否操作简便、运行是否稳定可靠。

6　探测能力试验

6.1　场地要求

被试雷达架设地点四周应平坦开阔，无高大遮碍物，不应有影响测试的干扰源，如热力、动力、烟雾、辐射、污染和噪声等。

雷达整体接地电阻应符合被试雷达技术指标的要求，雷达阵地应有避雷设施。

6.2　探测范围

6.2.1　最大和最小探测距离

最大探测距离、最小探测距离、最大探测高度用实际对云雨的探测数据进行统计，方位和仰角的探测范围采用手动转动天线的方法进行验证。

也可以采用施放金属反射靶的方法测量最大和最小探测距离，

按照附录 A 的要求和方法进行。

6.2.2 高度

在静风或微风晴天大气条件下，在距离被试雷达实际最小探测距离以外施放气球携并带金属反射靶，雷达作 RHI(距离高度显示)扫描，连续录取数据，检查终端的显示结果。

同时，在与参考标准雷达的比对试验中，实际探测云雨目标，检查 RHI 数据，进行验证。

6.2.3 方位角和仰角

控制雷达的方位角 0°～360°转动，俯仰角 0°～90°变化，在雷达终端观察角度显示结果。

6.2.4 目标强度和速度

方法一：用信号源输入模拟信号，检查终端输出显示结果。

在馈线系统双功器输入－10 dBZ～70 dBZ 强度模拟信号，速度采用技术指标规定的最大值(正向)和最小值(负向)模拟信号。测量水平极化(H)和垂直极化(V)两路。

方法二：实际探测云雨目标，在终端显示器上观察输出结果。在动态试验中，实际探测不同类型的云雨目标，检查数据进行验证。

6.2.5 目标速度谱宽

雷达低仰角做 PPI 扫描，探测成片地物，实际探测不同类型云雨目标，在终端显示器上观察输出结果。

6.3 分辨力

6.3.1 回波强度、速度和速度谱宽差分反射因子、差分传播相位、相关系数

采用检查测量性能试验中雷达终端显示或记录的数据文件的

方法。

6.3.2　距离

通过测量发射机射频脉冲包络宽度的方法进行计算，用公式(15)计算。

$$\Delta R = 0.5C\tau \tag{15}$$

式中：C 为光速；τ 为脉冲包络宽度。

同时采用检查测量性能试验中雷达终端显示或记录的数据文件的方法进行验证。

6.3.3　方位角、仰角

通过测试天线波束宽度的方法进行计算，测量 H、V 极化的 E 面、H 面波束宽度，分辨力等于波束宽度。并同时检查测量性能试验中雷达终端显示或记录的数据文件进行验证。

6.4　测量误差

6.4.1　测角和测距

6.4.1.1　采用高空探测对探空仪定位与被试雷达对金属反射靶定位，进行动态比对试验的方法。

6.4.1.2　被试雷达探测的角度和距离数据，在其显示器上读取回波纵向前沿和横向强度最大位置交点的仰角、方位角和距离数据。

注：在实际测量时，即使对于点目标，天气雷达的平面显示器上显示的也是一个具有一定面积的扇状分布图形，无法直接读取目标的坐标数据。

6.4.1.3　同球施放金属角反射靶和导航测风探空仪，在雷达测量反射靶不同时刻的方位、仰角和距离的同时，由导航测风系统测量探空仪的空中位置坐标的经度、纬度和地心坐标高度。

6.4.1.4　将导航测风探空仪所测气球坐标数据按照附录 B 的方法换算为气球所在位置的方位、仰角和距离。以同时间的数据进行比对，计算雷达的方位、仰角和距离的测量误差。

6.4.1.5 比对施放试验应不少于30次,每秒钟录取一组比对数据。

6.4.1.6 根据秒间隔数据的波动情况进行纠错和平滑处理,比对双方的平滑时段应相同。

6.4.1.7 对所有的比对数据根据不同高度进行分组统计,分别计算方位、仰角和距离的误差,并计算各组的系统误差和标准偏差。

6.4.2 回波强度

6.4.2.1 回波强度测量误差试验,应在被试雷达发射和接收系统及测角、测距误差试验合格的基础上进行。采用静态模拟信号检查的方法。

6.4.2.2 测试框图如图22所示。

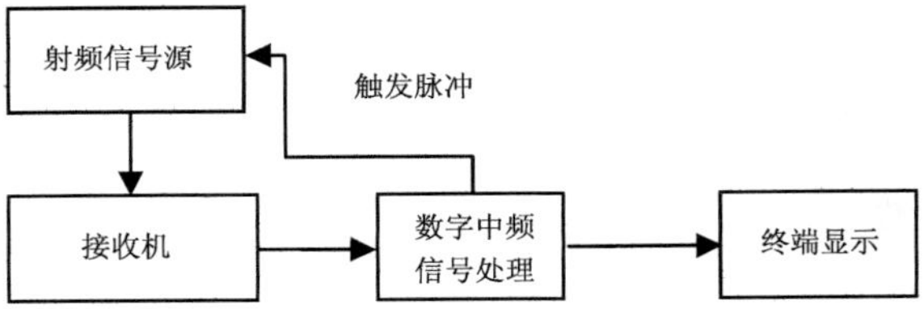

图22 回波强度静态模拟测试框图

具体方法如下:

射频信号源发出的微波信号置于外同步方式,输出一个与同步脉冲延迟 t_d、宽度为 τ 的射频脉冲信号,作为模拟回波信号。改变射频信号源的输出功率 P_r,在终端读取回波强度的实际测量值 Z_1,并按照公式(16)计算回波强度的校准值。

$$Z_2 = 10\lg\left[\frac{1024(\ln 2)\lambda^2}{\pi^3 P_t G^2 \theta\varphi\tau c k^2}\right] + 10\lg(P_r) + 20\lg(R) + 2\delta R \tag{16}$$

式中:Z_2 为回波强度的标定值,单位dBW;λ 为波长,单位m;P_r 为信号源的输出功率,单位W;δ 为电磁波的路径衰减系数,单位dB/m;R 为距离,单位m,($R=ct_d/2$);P_t 为脉冲发射功率,单位W;G 为天线增益;θ 为天线的水平波束宽度,单位rad;φ 为天线的垂直波束宽度，单位 rad；τ 为发射脉冲宽度，单位 s；c 为光速 3×10^8 m/s；k 为与散射物质介电属性相关的常数。

改变延迟 t_d，重复上述过程以得到不同的回波强度值，经过多次测量统计实际测量值 Z_1 与标准值 Z_2 之间差值的系统误差和标准偏差。

6.4.3　速度和谱宽

6.4.3.1　信号源模拟检查

用频率源输出一定宽度的射频脉冲，改变频率源输出信号的相位值，在终端读取实际多普勒速度。同时用公式(17)计算理论多普勒速度。

$$V=\frac{\lambda\cdot\Delta\varphi}{4\pi T_r} \tag{17}$$

式中：V 为多普勒速度，单位 m/s；λ 为波长，单位 m；$\Delta\varphi$ 为相位角，单位 rad；T_r 为重复周期，单位 s。

将频率源的信号输入数控移相器，其输出送入被试雷达接收机，然后将接收机的输出信号输入处理器和接收终端。

在被试雷达多普勒速度的测量范围内，均匀地设置 7 个测试点，每个测试点至少测量 15 次。被试品的显示值与理论值之差即是其多普勒速度的测量误差。

统计各测试点被试雷达多普勒速度的系统误差和标准偏差。

6.4.3.2　不同脉冲重复频率自比对

使被试雷达分别工作在不同脉冲重复频率状态下，测量实际的云雨目标，统计不同重复频率工作状态时，对同一目标速度测量结果间的相对差值，通过多次测量，计算速度、谱宽的系统误差和标准偏差。

6.4.3.3　探测地物

在晴空天气条件下，以低仰角对成片地物进行反复探测。将地物回波的速度和谱宽设为零，通过多次测量，计算被试雷达测量的速度和谱宽及其各次差值。分别计算雷达速度和谱宽各次差值的系统误差和标准偏差。

6.4.4 主要双偏振参数

包括差分反射因子、差分传播相位和相关系数等采用信号模拟和实际观测目标的方法进行验证,主要测试方法:

a)采用信号源进行静态模拟的方法,在信号处理 A/D 或场放前输入,差分反射因子为 0、差分传播相位为 0、相关系数为 1 的相应信号进行检查。经过多次测量,用被试雷达各次显示结果差值统计系统误差和标准偏差。

b)天线仰角置 90°,静风或接近静风时,对小雨、中雨和大雨分别进行 PPI(平面位置显示)扫描的方法检查。此时,差分反射因子和差分传播相位应为 0,相关系数应为 1。经过多次测量,用被试雷达各次显示结果的差值统计系统误差和标准偏差。

注:假设垂直下落雨滴的横向截面为圆形,面积远小于雷达发射波长,符合雷利散射条件。

c)探测地物,在晴空天气条件下,以低仰角对成片地物进行反复探测,检查数据。此时,差分反射因子和差分传播相位应为 0,相关系数应为 1。经过多次测量,用被试雷达多次显示结果的差值统计系统误差和标准偏差。

d)在对云雨目标的实际探测中,对不同类型降水的双偏振参数值进行统计比较,进行一致性检查。

e)用不同脉冲重复频率测量同一云雨目标,进行一致性检查。

6.5 对云雨目标的探测能力

6.5.1 与业务观测资料的比较

6.5.1.1 被试雷达对云雨目标的探测能力应首先与业务观测资料进行统计分析和验证,通常与下述三种实际观测资料进行比较:

a)本站观测资料;

b)周围选定气象台站的观测资料；

c)卫星云图资料。

6.5.1.2　选定气象台站应在雷达探测范围内均匀分布。在被试品探测的同时每间隔 1 h 提供一次气象观测实况，包括云高、云量、云状、有无降水和 1 h 降水量

6.5.1.3　试验台站应有卫星云图接收设备，在被试品工作时，同时接收和存储卫星云图资料。

6.5.1.4　三种比较数据应分别统计，以人工和卫星云图观测资料作为参考标准，给出观测结果符合程度的统计结果。

6.5.2　与参考标准雷达的比对

6.5.2.1　参考标准雷达的工作频率(波长)应与被试雷达相同，并已通过对云雨目标探测性能的考核。

6.5.2.2　试验前必须对标准雷达和被试雷达进行方位、仰角、距离和强度等参数进行校准和调整，使之符合技术指标要求。

6.5.2.3　比对项目包括目标方位、仰角、距离、面积、回波强度、径向速度和双偏振参数等。应特别记录一次天气演变过程开始、维持、消亡三阶段比对双方间的时间差异。

6.5.2.4　按照规定时段分别将比对参数进行分组处理，计算各组的系统误差和标准偏差。

6.5.2.5　分别在同一直角坐标内制作回波强度和径向速度的雷达测量误差变化的连续图形，以表示被试雷达的测量误差随时间的变化和散布情况，进行定性分析。

6.5.2.6　比对灾害性天气回波特征提取和报警的正确、漏报情况，并分类进行统计。

6.5.2.7　按照规定时间在最强回波处分别将固定地物回波强度经地杂波滤波器滤除后差值和参考雷达采集数据对应要素的差值计算，做 15 组比较检验，进行误差统计。

6.5.2.8　比对试验资料采集必须有暴雨、强对流、冰雹、小雨、中雨、

大雨等过程资料,同类天气过程资料比对次数不少于 3 次。比对试验时间应不少于半年,并保证连续运行时间不少于 1 个月。

7 显示与控制终端检查

7.1 软件基本功能

天气雷达的软件功能根据被试雷达的技术要求确定,通常包括:

——同屏多幅显示;

——鼠标移动位置显示和数值以及相关产品信息显示;

——局部放大,全屏幕放大;

——地图分类分层显示,包括地图参数设置,色标、数据分层控制;

——任意两点的距离;

——基本产品动画(强度);

——图像处理(包括滤波、增强、旋转);

——产品数值分布的直方图显示;

——屏幕保存(将当前的屏幕保存为图形);

——打印,支持在线帮助;

——能够对产品数据进行分类存储管理;

——主要产品显示软件在雷达不工作期间脱机运行。

采用实际操作的方法检查。

7.2 软件运行环境

天气雷达的软件运行环境主要包括:

——计算机型号;

——操作系统;

——自适应网卡;

——TCP/IP 协议;

——显示器分辨力。

采用实际操作的方法检查。

7.3 监控单元

监控单元的主要检查项目主要包括：

——雷达低压电源通/断；

——发射高压通/断；

——天线工作状态；

——接收机工作状态；

——信号处理器参数设置；

——终端产品生成种类及数据存档方式；

——工作状态显示；

——工作参数和故障监测。

采用实际操作的方法检查。

7.4 应用产品

被试雷达应用产品的主要检查项目包括：

——平面位置显示；

——距离高度显示；

——等高平面位置显示；

——任意垂直剖面显示；

——垂直最大回波强度显示；

——回波顶高分布显示；

以上显示包括多普勒、双偏振等参数

采用实际操作的方法检查。

以对灾害性天气观测的标准数据库数据为依据，通过被试雷达应用软件进行处理，检查灾害性天气特征显示和报警情况，与业务雷达、卫星资料等同步观测资料比对，评估被试雷达应用产品的正确性和合理性。

8 环境适应性试验

8.1 气候环境

包括低温、高温、湿热、低气压和淋雨采用自然环境试验的方法，对于全国通用的被试天气雷达，分别在低温区、高温区、湿热、沙漠、高原和频繁降水的地区进行实际的试验，以评定被试雷达的气候环境适应能力。

8.2 电源

8.2.1 供电电压

在被试雷达供电电源处串接调压器，将电压调整至其电源适应范围上限和下限值，分别工作 1 h，若能正常工作，判定为合格。

8.2.2 电源频率

用电压和频率可调的供电装置为被试雷达供电，分别将电压和电源频率调整至：电压为上限值，频率为上限值；电压为上限值，频率为下限值；电压为下限值，频率为上限值；电压为下限值，频率为下限值；分别工作 1 h，若能正常工作，判定为合格。

8.2.3 耗电功率

用电度表测量雷达正常工作时 1 h 的用电瓦特数，测量三次取平均值，作为耗电功率的测量结果。

8.3 运输或行驶

对于非车载被试雷达采用车载运输方式考核，载车应为卡车，其额定载重量应大于被试品重量一倍；车载移动式雷达直接进行行驶试验，应能承受以下试验条件，并能保持其性能：

土路、碎石路车速为 20 km/h～30 km/h；

柏油路、混凝土路车速为 30 km/h～40 km/h；

运输或行驶(或由运输模拟器代替)的距离不小于 300 km，通过的土路和碎石路面占总试验里程的比例应不少于 60%。

先将被试雷达进行初始检测，确定其工作正常后，车载式雷达，使其处于运输状态进行实际的行驶试验，非车载式雷达，用包装箱将各部分包装牢固，固定在汽车货箱底板上进行运输。行驶或运输中间紧急刹车三次，试验后检查被试雷达能否正常工作。

8.4 电磁兼容性

分定性检查和定量试验，定性检查的内容包括：

a)雷达工作时各部分有无相互干扰的情况；

b)雷达工作时，安装地点的设备是否会受到干扰，能否正常工作；

c)安装地点的设备工作时，被试雷达能否正常工作。

电磁兼容性的定量试验，按照 GJB 151B—2013《军用设备和分系统电磁发射和敏感度测量》的试验要求和方法进行，测量被试雷达的电磁发射和电磁敏感度参数是否符合技术指标要求。

9 可靠性和维修性

9.1 可靠性

首先应对试验期间雷达正常探测情况下所发生的故障进行统计，给出试验期间 MTBF 的观测值，对被试雷达试验期间的可靠性进行定性说明。

在需要给出被试雷达的可靠性具体参数时，按照 GB 5080.7 的要求和方法进行可靠的验证试验。试验所采用的使用方风险、生产方风险、鉴别比以及具体的试验方案，由被试品生产方和使用方商定并报上级主管部门批准。

推荐采用生产方和使用方风险各为 20%，鉴别比为 3 的定时结尾试验方案,试验的总时间为规定 MTBF 下限值的 1.46 倍,拒收故障数为 3。试验期间被试雷达的总责任故障数,按照试验方案的规定进行是否合格的判定。

9.2 连续工作时间

取被试雷达技术指标规定的连续工作时间,进行三次连续探测,中间断电 1 h,能够正常工作评定为合格。

9.3 维修性

9.3.1 首先进行被试雷达维修性的定性检查,主要包括:

——维修可达性;
——检测诊断的方便性与快速性;
——零部件的标准化和互换性;
——防差错措施与识别标记;
——工具操作空间和工作场所的维修安全性;
——对维修人员素质的要求;
——故障自动报警功能的可靠性;
——维修工具和检测仪表的适用性;
——维修手册规定作业程序的正确性;
——测试点识别标记及其方便性;

9.3.2 按照被试品使用说明书规定的操作步骤和方法操作,检查其规定操作程序的合理性和完整性,对被试品使用说明是否能够指导被试品操作、使用做出评价。

若需要给出维修性的具体参数,应进行维修性的定量试验,确定被试雷达的维修性技术指标 MTTR 是否合格,按照 GJB2072 的要求和方法进行,试验所采用的使用方风险、生产方风险、鉴别比以及具体的试验方案,由被试品生产方和使用方商定并报上级主管部门批准。按照所采取试验方案的规定进行是否合格的判定。

10　安全性

10.1　高压警告及防护

检查雷达的高压、发射机柜、主电源等部分是否有电气安全设置与警示。

10.2　绝缘电阻

用最大量程为500 V的兆欧表测量电源引入端子与机壳间的绝缘电阻。

10.3　防雷措施

按照QX/T 2—2016中的防雷规定检验防雷措施。

10.4　机械安全

检查雷达的天线机械及控制部分是否有安全防护措施。

10.5　安全信号联络

用实际操作的方法检查被试雷达的声、光联络、人身安全防护措施是否正常。

10.6　微波辐射安全

根据GB8702—2014第2章的要求，对雷达环境电磁场进行检查。

10.7　噪声安全

用噪声测量仪器在雷达架设现场、终端操作室和油机房进行测量。

10.8 高压保护

向发射机监控系统输入高压超限指令,检查发射机高压监控报警,保护电路能切断高压,高压电源连锁等能否确保被试雷达及其高频大功率器件的安全。

11 试验结果与评定

11.1 所有测试项目中,按照本部分规定的方法进行测试,用区间误差表示测量结果,若测试结果符合技术指标要求判定为合格,否则为不合格。计算区间误差所用的置信系数根据试验大纲确定。

11.2 被试雷达的功能和业务应用产品等检查项目,符合技术指标要求的为合格,若不符合要求,允许生产方在测试过程修改或增加,重新检查合格,也可判为合格,否则为不合格。

11.3 根据本部分确定了试验方案的项目,按照选定试验方法的要求和方法进行是否合格的判定。

11.4 被试雷达回波强度与参考标准雷达的比对试验结果,应根据系统误差的大小说明两者之间测量降水强度之间的关系,通常只给定性结论。

11.5 实际测雨性能,应给出与本站和周围至少两个气象台站地面实况观测比较的结果并统计符合概率,通常只提供数据,不进行评定。必要时,可以提出改进建议。

11.6 若某些电气参数的测试结果不符合战术技术指标要求,在不影响实际观测的情况下,可以不作为判定设备整体不合格的依据。

11.7 若被试品的回波强度或实际测量云雨目标的概率明显不符合使用要求,应判定为测量性能不合格,必要时,也可提出改进建议。

11.8 按照第一部分第 11 章对被试产品的评定原则对被试雷达进行整体是否合格的判定,按照第一部分第 12 章的要求编写测试报告。

附录 A
天气雷达探测距离试验方法和要求
(规范性附录)

A. 1　最小探测距离通过施放系留气球携带金属反射靶的方法进行测试。在静风或微风晴空天气条件下，系留气球携带金属反射靶在被试雷达技术指标规定的最小探测距离附近来回运动，雷达至少要进行五次以上的扫描测试。采用金属反射靶，如采用菱形，边长应不小于雷达波长的五倍。

A. 2　最大探测距离试验采用施放气球携带金属反射靶由被试雷达跟踪测量的方法，首先得到测量反射靶(点目标)的最大作用距离，然后用雷达方程换算为对于云雨目标(分布目标)的最大距离。至少应有 15 个反射靶的试验结果。

A. 3　被试雷达的最大探测距离按下述两种情况考虑：

a)当被试雷达最小探测距离以内没有云雨目标时，对远距离目标区域探测到的最大距离；

b)当被试雷达上空和周围有较大范围的云雨目标时，能够透过目标区域探测到的最大距离。

注：天气雷达的最大探测距离是与云雨目标强度相关的量。将最大探测距离分为两种情况，是因为这两种情况对电磁波的路程衰减有很大差异。

A. 4　被试雷达测量点目标的最大探测距离为 $R_{i\max}$，用公式(A. 1)计算综合系数 k_i。

$$k_i=\frac{R_{i\max}^4}{\sigma_d \cdot 10^{-0.2\delta_1 R_{i\max}}} \tag{A. 1}$$

式中：σ_d 为角反射体的有效反射面积，单位 m^2；δ_1 为电磁波单程衰减，单位 dB/m，在表 A. 1 中查取。

表 A.1 水汽对电磁波的单程衰减

单位为 dB/km

温度/℃	雷达波长/cm					
	10	5.7	3.2	1.8	1.24	0.9
20	$0.07\times10^{-3}PM$	$0.24\times10^{-3}PM$	$0.7\times10^{-3}PM$	$4.3\times10^{-3}PM$	$22.0\times0^{-3}PM$	$9.5\times10^{-3}PM$
0	$0.08\times10^{-3}PM$	$0.27\times10^{-3}PM$	$0.8\times10^{-3}PM$	$4.8\times10^{-3}PM$	$23.3\times0^{-3}PM$	$10.4\times10^{-3}PM$
−20	$0.09\times10^{-3}PM$	$0.30\times10^{-3}PM$	$0.9\times10^{-3}PM$	$5.0\times10^{-3}PM$	$24.6\times10^{-3}PM$	$11.4\times10^{-3}PM$
−40	$0.10\times10^{-3}PM$	$0.34\times10^{-3}PM$	$1.0\times10^{-3}PM$	$5.4\times10^{-3}PM$	$26.1\times10^{-3}PM$	$12.6\times10^{-3}PM$
注:表中 P 为大气压(hPa),M 为水汽含量(g/m^3)。						

通常采用直角四面体金属反射体,其有效反射面积 σ_d 用公式(A.2)计算。

$$\sigma_d=\frac{4\pi(0.289L^2)^2}{\lambda^2} \tag{A.2}$$

式中:L 为反射体的直角边长,单位 m;λ 为雷达的工作波长,单位 m。

A.5 通过多次施放携带角反射体的气球,用公式(A.3)计算综合系数 k_i 的平均值 $\bar{k}$。

$$\bar{k}=\frac{\sum_{i=1}^{n}k_i}{n} \tag{A.3}$$

式中:n 为施放反射体的有效次数。

A.6 根据被试品战术技术指标要求,给出测雨最大探测距离 R_{max} 对应的降水强度,用公式(A.4)计算反射因子 Z。

$$Z = 200I^{k} \tag{A.4}$$

式中：I 为降水强度，单位 mm/h；k 为主要由降水强度确定的系数。

若被试品战术技术指标无特殊要求，通常采用云雨目标反射因子的典型值 $k=1.6$。

A.7 用公式（A.5）计算雷达在实际探测云雨目标时所能满足的最大探测距离 $R'_{\max}$。

$$R'_{\max} = \left(\frac{1}{2\ln 2} \cdot \bar{k} \cdot m \cdot Z\right)^{\frac{1}{2}} \cdot 10^{-0.1\delta_2 R_{\max}} \tag{A.5}$$

式中：δ_2 为电磁波单程衰减，单位 dB/m；$R_{\max}$ 为测量角反射体时的最大探测距离，单位 m；

其中：$m = \frac{1}{8} \cdot \pi^{6} \cdot \tau \cdot c \cdot \theta_{0.5}^{2} \cdot \lambda^{-4} \cdot \left(\frac{\varepsilon - 1}{\varepsilon + 2}\right)^{2}$

A.8 若最大探测距离属于 A.3 中 a）的情况，公式（A.1）和（A.5）中的 δ_1、δ_2 均取大气对电磁波的单程衰减，且使 $\delta_1 = \delta_2$；若测雨最大探测距离属于 A.3 中 b）的情况，则 δ_1 取大气对电磁波的单程衰减，δ_2 取大气和某种强度的云雨目标对电磁波单程衰减之和。

A.9 若战术技术指标没有提供最大探测距离 $R_{\max}$ 对应的云雨目标强度值，应分别给出小雨、中雨和大雨条件的结果。应同时提供测量角反射体的最大探测距离和角反射体的尺寸。

注：气象部门规定的降水强度：小雨为 0.1 mm/h～2.5 mm/h，中雨为 2.6 mm/h～8.0 mm/h，大雨 8.1 mm/h～15.9 mm/h，暴雨为大于 16 mm/h。

A.10 试验应在晴空的天气条件下进行，施放气球携带的角反射体应不少于 10 次，取雷达对角反射体探测距离的最大值作为测量结果，将每次的测量结果列入试验报告附件。

A.11 用角反射体试验得到的最大探测距离数据，换算的测量云雨目标的最大探测距离应通过实际验证。实际测量云雨目标的最大距离也应列入试验报告。

注：通常采用跟踪台风云系演变过程的方法，得到远距离的回波信号。在试验中应考虑雷达的最低工作仰角、地物的遮蔽角和地球曲率的影响。

附录 B
用卫星导航定位的经度、纬度和高度换算为测站站心坐标方位、仰角和距离的方法(规范性附录)

卫星导航定位采用的是 WGS-84 地心坐标系,其坐标原点与地球质心 O 重合,X 轴指向 0°大地子午线与赤道的交点,Z 轴指向协议地球北极,Y 轴指向东经 90°大地子午线与赤道的交点,组成右手系直角坐标。

利用通过气球所处空间位置的经度 δ_i、纬度 φ_i 和气球在地心坐标中从海平面算起的几何高度 h_i 表示的大地坐标替代空间直角坐标,可直接将气球某一时刻在地心坐标系中的位置表示为:

$$\begin{cases} X=(N_i+h_i)\cos\varphi_i\cos\delta_i \\ Y=(N_i+h_i)\cos\varphi_i\sin\delta_i \\ Z=[N_i(1-e^2)+h_i]\sin\varphi_i \end{cases} \tag{B. 1}$$

其中,

$$N_i=\frac{a}{\sqrt{1-e^2\sin^2\varphi_i}} \tag{B. 2}$$

N_i 为地球椭球体在纬度为 φ_i 时的曲率半径;e 为地球椭球第一偏心率,用下式计算:

$$e=\frac{\sqrt{a^2-b^2}}{a} \tag{B. 3}$$

式中,取 a=6378137 m,为地球的长半轴长度;取 b=6356752.3142 m,为地球的短半轴长度。

同理,在地心坐标系中测站 O' 的位置(X_0,Y_0,Z_0)将表示为:

$$\begin{cases} X_0=(N_0+h_0)\cos\varphi_0\cos\delta_0 \\ Y_0=(N_0+h_0)\cos\varphi_0\sin\delta_0 \\ Z_0=[N_0(1-e^2)+h_0]\sin\varphi_0 \end{cases} \tag{B. 4}$$

其中，δ_0、φ_0 和 h_0 分别代表测站所处经纬度，以及海拔高度。

$$N_0=\frac{a}{\sqrt{1-e^2\sin^2\varphi_0}} \tag{B.5}$$

由于卫星导航定位给出的气球坐标为地心坐标，需转换为站心坐标才能与雷达所测站心坐标参数进行比较。

站心坐标系原点 O' 与观测点重合，X' 轴指向正北，Y' 轴指向正东，Z' 轴垂直地面指向天顶，组成左手系直角坐标。

则气球某一时刻的坐标位置可由地心坐标系转化为站心坐标系：

$$\begin{cases} X'_i=-(X_i-X_0)\cos\lambda\sin\varphi-(Y_i-Y_0)\sin\lambda\sin\varphi+(Z_i-Z_0)\cos\varphi \\ Y'_i=-(X_i-X_0)\sin\lambda+(Y_i-Y_0)\cos\lambda \\ Z'_i=(X_i-X_0)\cos\varphi\cos\lambda+(Y_i-Y_0)\cos\varphi\sin\lambda+(Z_i-Z_0)\sin\varphi \end{cases} \tag{B.6}$$

对应观测仰角 δ_i、方位角 α_i 和斜距值 R_i 与坐标位置的转换方法为：

$$\begin{cases} R_i=\sqrt{X_i'^2+Y_i'^2} \\ \delta_i=\arcsin(Z_i'/R_i) \\ \alpha_i=\arccos(X_i'/R_i\cos\delta_i) \end{cases} \tag{B.7}$$

第六部分　风廓线雷达

1　范围

本部分规定了风廓线雷达的测试要求、内容和方法。

本部分适用于风廓线雷达的测试和评估。

2　规范性引用文件

GB 5080.7—1986　设备可靠性试验

GB 8702—2014　电磁环境控制限值

GJB 151B—2013　军用设备和分系统电磁发射和敏感度要求与测量

GJB 2072　维修性试验与评定

QX/T 2—2016　新一代天气雷达站防雷技术规范

3　基本要求

应符合第一部分中 4.2 的相关要求。

4　交接检查

除按照第一部分中 8.2 和 8.3 的要求进行外观、结构和成套性检查外,还应进行雷达开机检查,以确定被试雷达是否能够正常工作。

5 技术性能测试

技术性能测试包括：天线和馈线、发射系统（含 T/R 组件）、接收系统、整机、数据和产品以及显示与控制终端六个部分。

5.1 天线和馈线

本部分包括：天线体制、方向图、天线增益、天线罩损耗与指向误差、天线和馈线系统损耗、电压驻波比、屏蔽网隔离度七项测试。

5.1.1 天线体制

检查天线体制、天线类型和天线辐射单元分布结构。

5.1.2 方向图

测试框图

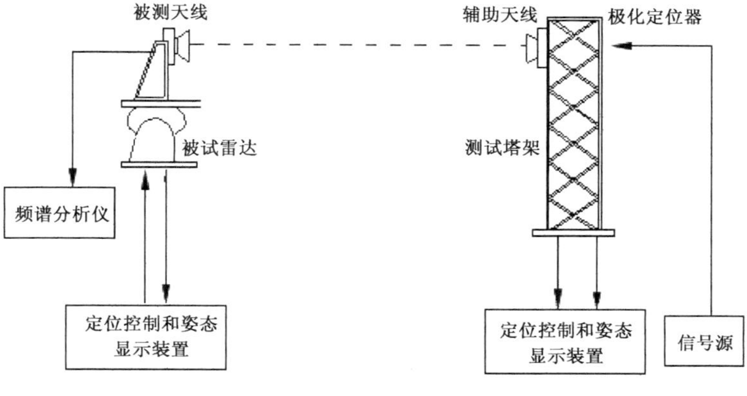

图 1 典型天线远场测试框图

按照图 1 安置测量支架、仪器和设备。辅助天线的极化状态与被测天线匹配，将信号源的频率设置为被测天线工作的中心频率。经远场测试给出各个波束的方向图。波束指向、波束宽度、最大副瓣高度与位置、远瓣平均高度等参数均由方向图导出。

测试步骤

a)使辅助天线最大辐射方向与被测天线某个波束最大辐射方向对准,记录频谱分析仪接收电平。

b)沿扫描面步进调整被测天线阵面,依次记录频谱分析仪接收电平,得到该波束扫描面方向图。

c)沿非扫描面步进调整被测天线阵面,依次记录频谱分析仪接收电平,得到该波束非扫描面方向图。

d)重复 a)至 c)测试,测出不同波束的方向图。

e)如果雷达使用多个工作频率,重复 a)至 d)测试,得到其他频率点上的各波束的方向图。

5.1.3 天线增益

测试步骤

a)在被测天线处用点源辐射天线替代,注入一功率,在辅助天线处测量接收功率,记为 $P1$。

b)换用被测天线,注入相同的功率,调整被测天线的方位角和仰角,使辅助天线处测量的接收功率最大,记为 $P2$。

c)计算天线增益:$G=10\lg(P2/P1)$。

d)将信号源频率依次设置为其他工作频率点,重复 a)、c)的测试,以得到其他频率点上的天线增益。

5.1.4 天线罩损耗与指向误差

天线罩损耗是指加装天线罩后辐射功率的减少。天线罩指向误差是指加装天线罩前后的波束中心指向之差。

测试方法

在 5.1.2 和 5.1.3 测量的基础上,将被测天线加装天线罩,重复 5.1.2 和 5.1.3 的测试,比较测量结果,求出天线罩损耗与指向误差。

5.1.5　天线和馈线系统损耗

测量天馈线分系统工作频带范围内发射通道、接收通道损耗。

有多个发射、接收通道时，各个通道均需测量。

测试框图

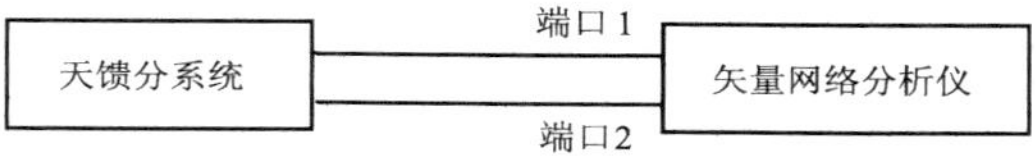

图 2　天馈损耗测试框图

测试方法

将被测天馈分系统的发射机输入端接入矢量网络分析仪的端口1、天线输入端接入矢量网络分析仪的端口 2，进行发射通道损耗测试，找出频带范围内的最小值即为被测天馈分系统的发射通道损耗。

5.1.6　电压驻波比

测试天线馈线系统工作频带内的最大电压驻波比。

测试框图

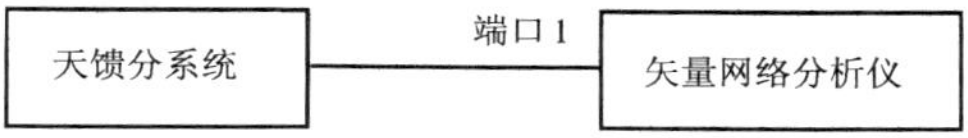

图 3　电压驻波比测试框图

测试步骤

a)根据天馈系统工作频带设置矢量网络分析仪的测试频带，将测试参数设置为 S11，参数形式设置为电压驻波比；

b)将开路器、短路器、负载分别接入矢量网络分析仪的端口 1 按仪器提示进行操作；

c)将被测天馈系统接入矢量网络分析仪的端口 1 进行电压驻波比测试，找出频带范围内的最大值即为被测天馈系统的电压驻波比。

5.1.7　屏蔽网隔离度

测试框图

测试连接如图 4 所示。将两个天线单元分别连接在矢量网络分析仪的输出端和输入端，两个天线单元一个在屏蔽网内，一个在屏蔽网外。

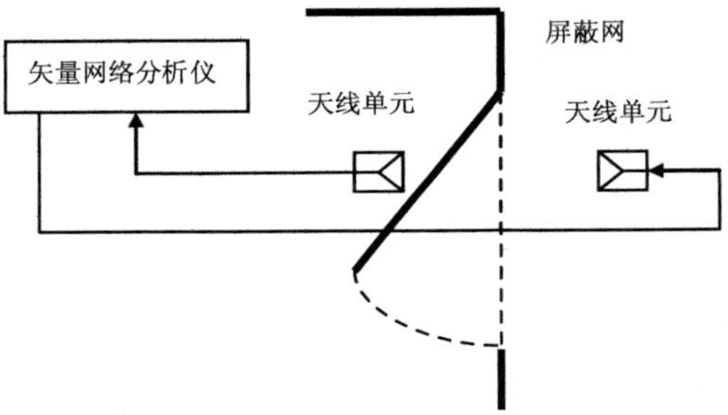

图 4　天线屏蔽网隔离度测试示意图

测试方法

首先在打开屏蔽网的情况下记录矢量网络分析仪的读数 $P1$(dBm)，然后关闭屏蔽网，记录矢量网络分析仪的读数 $P2$(dBm)，屏蔽网的单向隔离度为：$I=P1-P2$(dB)，双向隔离度为单向隔离度的 2 倍，即 $2\times(P1-P2)$(dB)。

5.2　发射系统

本部分包括：T/R 组件、发射（峰值）功率、发射脉冲（脉冲宽度、脉冲上升时间、下降时间、脉冲重复频率）、发射频率与频谱 4 项测试。

有多个工作模式时，需要逐一测量。

有多个发射通道时，需要逐一测量。

发射系统测试连接示意图如图 5 所示。将大功率衰减器接在发射机输出端,用功率计、频谱分析仪、功率计、示波器、检波器等仪表,分别在不同工作模式、不同通道下逐一进行测量。

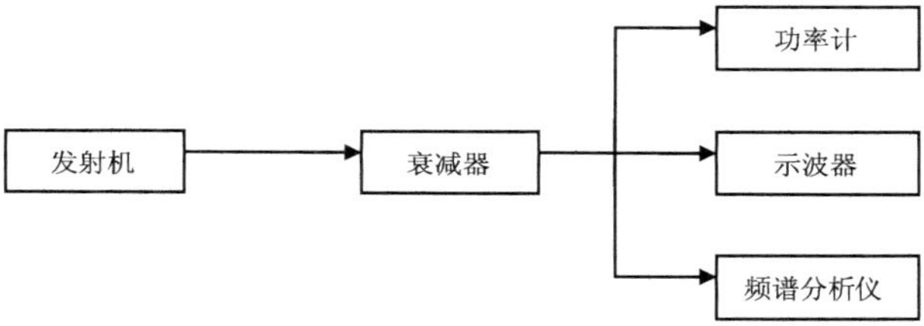

图 5 发射机性能测试示意图

5.2.1 T/R 组件

T/R 组件的测试内容包括发射波形、发射频谱、峰值功率。

T/R 发射波形测试:示波器端口 1 与监控组合同步,示波器端口 2 接 T/R 组件输出,分别测量不同工作模式下的发射波形。

T/R 发射峰值功率测试:T/R 组件输出经大功率衰减器接功率计,分别测量不同工作模式下的峰值功率。

发射频谱:T/R 组件输出经大功率衰减器接频谱仪,频谱仪设置为雷达工作频率、扫宽 100 MHz,分别测量不同工作模式下的频谱。

检查 T/R 组件的幅/相一致性、噪声系数、接收增益、收/发隔离度等重要指标。

5.2.2 发射(峰值)功率

测试方法

如图 5 测试连接。将大功率衰减器接在发射机输出端,用功率计分别测量不同组件、不同模式下的发射功率。

对于多路发射系统,根据各路的测量结果,计算总发射峰值功率。

5.2.3　发射脉冲及重复周期

测试方法

如图 5 测试连接。将大功率衰减器接在发射机输出端,用示波器分别测量不同模式下的发射脉冲宽度、脉冲幅度、脉冲上升时间、下降时间得到发射脉冲参数,如图 6。

通过示波器测量两相继脉冲的间隔时间,即脉冲重复周期。

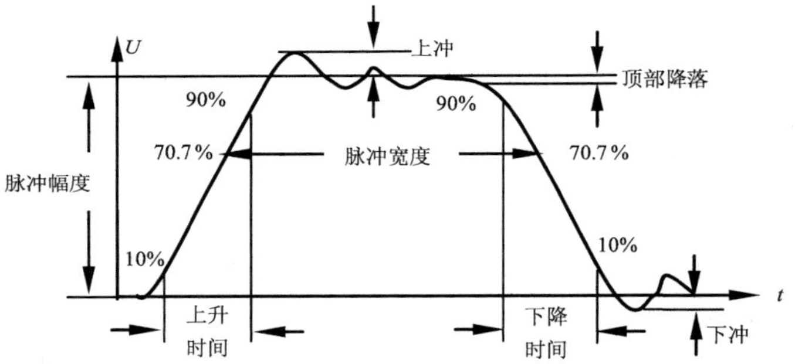

图 6　射频脉冲包络示意图

5.2.4　发射频率与频谱

测试方法

如图 5 测试连接。将大功率衰减器接在发射机输出端,用频谱分析仪测试发射频率。频谱分析仪设置适当的中心频率、扫频范围、分辨带宽和视频带宽,分别测量不同工作模式下的发射脉冲频谱,找出中心频率,在低于中心频率峰值－10 dBc、－20 dBc、－30 dBc、－35 dBc、－40 dBc、－50 dBc 处记录频率值,并计算出发射信号的频谱宽度。

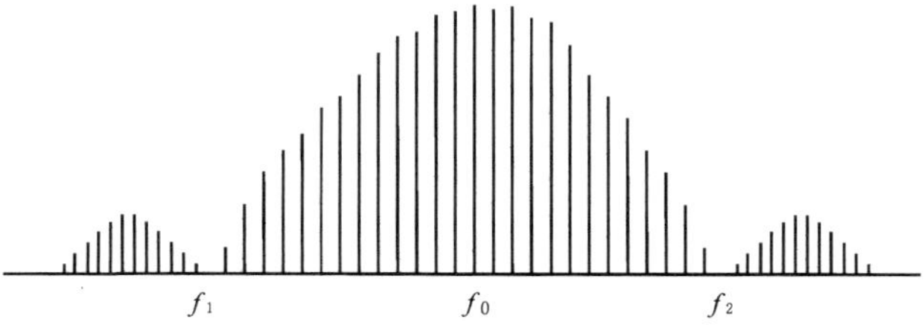

图 7 射频脉冲频谱示意图

5.3 接收系统

本部分包括：噪声系数、接收机增益、接收机灵敏度、动态范围四项测试。

有多个工作模式时，需要逐一测量；有多个接收通道时，需要逐一测量。

5.3.1 噪声系数

噪声系数是接收机输入端信号噪声比与输出端信号噪声比的比值，表征测量接收机内部噪声的大小，通常用分贝表示，采用噪声系数测试仪表直接进行测试。

测试框图

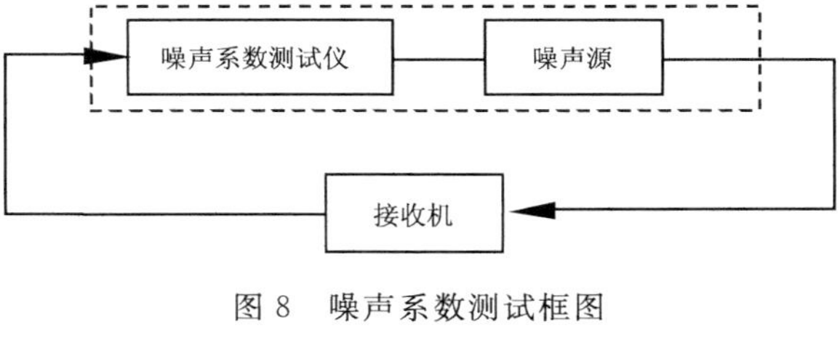

图 8 噪声系数测试框图

测试方法

a)按图 8 连接设备；对噪声系数仪表进行初始设置，将噪声系数仪的附件噪声源直接接入仪表的输入输出端,进行校准。

b)然后将被测接收机接入,进行噪声系数测量。

5.3.2 接收机增益

测定自接收机前端至输入到中频检波器输出,对信号可呈现的最大增益,通常用频谱分析仪直接进行测量。

测试框图

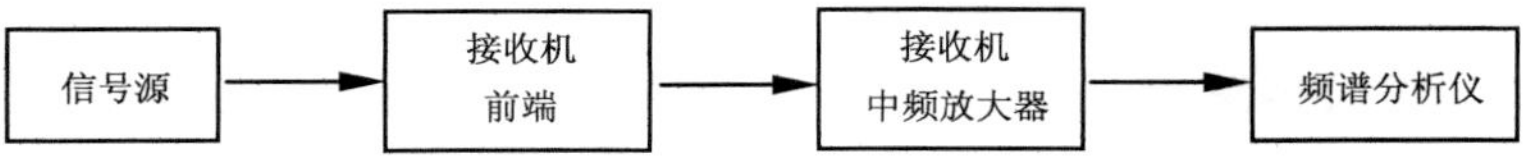

图 9　接收机增益测试框图

测试方法

a)信号源频率设置为工作频率,输出功率调节在接收机线性区,记录为 G_1;

b)使用频谱仪测量接收机中放输出,读出此时频谱仪功率,记录为 G_2;

c)按公式 $G=G_2-G_1$ 计算中频接收机增益 G。

5.3.3 接收机灵敏度

测试接收机接收微弱信号的能力,用接收机输入端的最小可检测信号功率表示。

测试框图

图 10　接收机灵敏度测试示意图

测试方法

将信号源接在接收机前端的低噪声放大器入口处,接收机的模拟中频输出端接频谱分析仪。频谱分析仪设置合适的中心频率、扫频范围、分辨带宽和视频带宽。测试时，首先关闭信号源，在频谱分析仪上测得噪声电平 $P1$(dBm)，再打开信号源，调整信号源的输出功率，使频谱分析仪的读数为($P1+3$)dBm，此时信号源的输出功率值即为接收机的灵敏度。

对测试环境和仪表的要求：

a)信号源的频率测量误差应在自频控剩余误差以内，信号源输出信号幅度和衰减器的误差应不大于 0.5 dBmW，信号源的漏能功率应低于从正规通道进入接收机的信号功率；

b)信号源的输出信号应按产品具体规范要求来调整，一般有连续波信号、脉冲调制信号等；

c)测试场地应是干净的电磁环境，除被测接收机和信号源以外，没有其他频率相近或与接收机中频相近的能量源，最好在屏蔽房或微波暗室内进行测试。

5.3.4 动态范围

测定接收系统动态范围。接收系统是指从接收机前端，经数字中频到信号处理器。接收系统动态范围是接收机不饱和时的最大输入信号功率与最小可检测信号功率之比，通常以 dB 表示。

测试框图

图 11 接收系统动态范围测试示意图

测试方法

采用机外信号源，在测得系统最小可测功率 $P_{r\min}$ 的基础上，逐渐加大接收系统的输入功率，在数据终端读取输出功率，并依次记录数值，直到终端输出功率出现 1 dB 压缩点，此时接收系统的输入功率为 $P_{r\max}$(dBm)；则接收系统的动态范围表示为：$R=P_{r\max}-P_{r\min}$，根据测试结果，绘制动态范围曲线。

5.4　整机

本部分包括:系统最小可测功率、系统相干性,距离定标与速度定标、系统自动定标、系统自动检测和电源六项测试与检查。

5.4.1　系统最小可测功率

测试框图

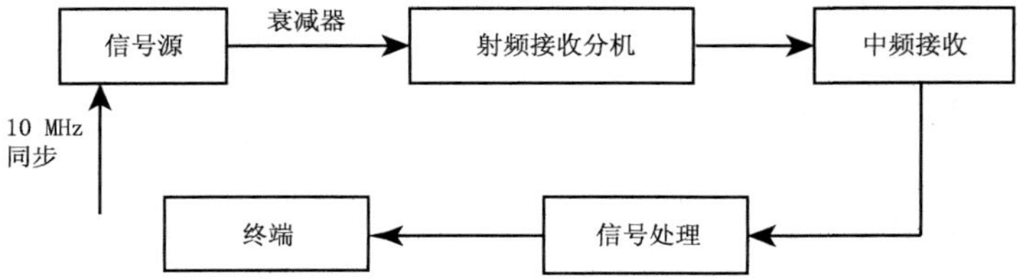

图 12　系统灵敏度测试框图

测试方法

用信号源进行测量,仪器连接和信号关系见图 12。将信号源设置为连续波输出状态,调整频率使之在雷达终端谱显示时不折叠,降低信号源输出幅度,直到终端谱显示刚刚不能识别为止,记录此时信号源的输出功率值和衰减器的衰减量。按公式 $P_{rmin}=P_0-L$ 计算,其中 P_{rmin} 是系统灵敏度,P_0 是信号源的输出功率,L 是衰减器的衰减量。

5.4.2　系统相干性

测试框图

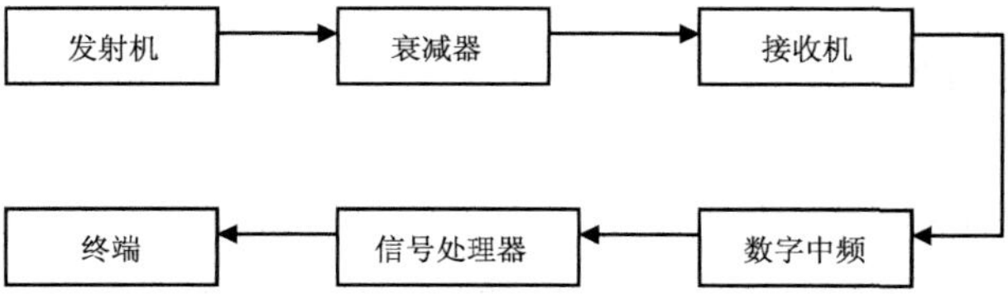

图 13　系统相干性测试示意图

测试方法

测试连接示意图如图 13 所示。将发射机激励信号经定向耦合器、衰减器后送入接收机，经两次下变频、放大后变为中频信号，送至数字中频接收机；经 A/D 变换，数字下变频和数字正交变换，得到 I、Q 两路正交信号，计算出相角。N 组相角的标准差就是所求相位噪声。

5.4.3　距离定标与速度定标

5.4.3.1　距离定标

测试框图

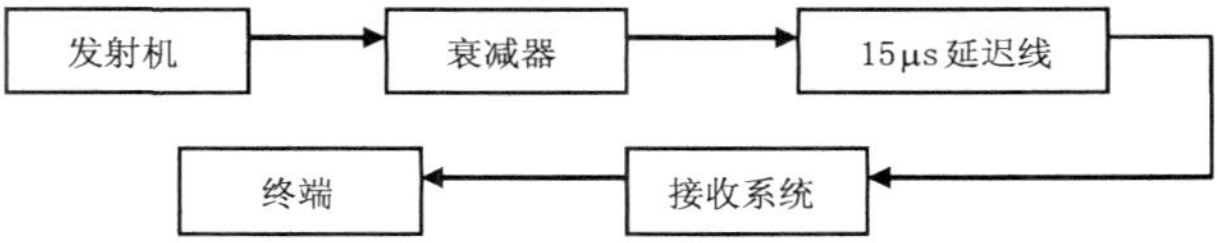

图 14　距离定标测试示意图

测试方法

如图 14 所示，将发射机激励信号经定向耦合器、衰减器后送入接收系统，回波在终端的位置即为零距离的位置。再将发射机激励信号经过 15 μs 延迟线后送入接收系统，观察终端显示，此时回波应出现在 2250 m 高度的距离库上。

5.4.3.2　速度定标

测试框图

图 15　速度定标测试示意图

测试方法

如图 15 所示，将频综或信号源输出信号注入接收系统输入端，采用移相或偏置频率的方法分别测试不同的相位或频率偏移量，启动运行程序,将终端显示的速度值与理论值进行比较并记录。

5.4.4　自动定标

检查是否具备回波强度自动定标功能及回波强度自动定标结果。

对于回波强度的定标,注入接收前端的测试信号为频率综合器输出的射频信号,射频衰减器控制注入接收前端的测试信号的功率电平。接收分系统和信号处理分系统按正常流程处理信号,在固定的距离库检验其回波强度的测量值。比较回波强度测量值与根据注入信号计算的回波强度理论值。

回波强度理论值计算

根据雷达方程由注入信号功率计算回波强度可采用下式:

$$\begin{aligned}10Z &= 10\lg[(2.69\times10^6\lambda^2)/(P_t\tau G^2\theta\varphi)]+P_r+20\lg R+L_\Sigma+RL_{at}\\ &= C+P_r+20\lg R+RL_{at}\end{aligned}$$

其中,C 为雷达常数(dB)。雷达常数的计算可采用下式:

$$C=10\lg[(2.69\times\lambda^2)/(P_t\tau\theta\varphi)]-2G+160+L_\Sigma$$

其中:λ 为波长(cm);G 为天线增益(dB);P_t 为发射脉冲功率(kW);τ 为脉宽(μs);θ 为水平波束宽度(°);φ 为垂直波束宽度(°);L_Σ 为系统总损耗(dB);L_{at} 为大气损耗(双程);P_r 为输入信号功率(dBm);R 为距离(km)。

选择不同的探测高度,比较回波强度测量值与根据注入信号计算的回波强度理论值。

5.4.5　自动检测

检查动态范围、系统相干性及系统最小可测功率的自动检测功能与结果。

5.4.6　电源

5.4.6.1　供电电压

在被试雷达供电电源处串接调压器,将电压调整至其电源适应范围上限和下限值，分别工作 1 h，若能正常工作，判定为合格。

5.4.6.2　电源频率

用电压和频率可调的供电装置为被试雷达供电，分别将电压和电源频率调整至：电压为上限值，频率为上限值；电压为上限值，频率为下限值；电压为下限值，频率为上限值；电压为下限值，频率为下限值；分别工作 1 h，若能正常工作，判定为合格。

5.4.6.3　耗电功率

用电度表测量雷达正常工作时 1 h 的用电瓦特数，测量 3 次取平均值，作为耗电功率的测量结果。

5.5　数据与产品

检查数据是否符合风廓线雷达数据格式要求。

检查不同工作模式的高度分辨率、时间分辨率。

检查基本产品。基本产品包括功率谱曲线图，水平风、垂直速度、C_n^2、SNR 和速度谱宽的时间一高度序列图。

5.6　显示与控制终端

5.6.1　软件基本功能

5.6.1.1　软件检查

采用第三方软件测评的方法。测试应包括文档审查、功能测试、性能测试、接口测试、人机交互界面测试和安装性测试等。

5.6.1.2　软件运行环境检查

对照检查计算机的配置，并开机检验操作系统。

5.6.1.3　人机界面与显示终端

终端显示检验的内容和方法如下：

a)雷达进行自动探测，检查终端界面显示的风信息；

b)检查终端界面是否显示当前工作状态和参数；

c)人为设置故障，检查是否能准确显示故障定位信息。

实际操作检查和评定。

5.6.2 监控单元

控制终端检查:在实时控制终端界面改变雷达工作参数,包括工作模式、工作频点、发射激励开关等,检查雷达能否正常工作。

自动启动功能检查:检查是否具备,断电恢复后,自动启动功能。检查是否具备,断电恢复后,自动恢复到断电前工作状态的功能。

报警功能检查:对报警功能进行实际操作检查。检查各分机性能监控、故障报警等功能。

故障定位检查:设置多个故障点,检查是否可准确定位到现场可更换单元。

6 探测性能

风廓线雷达探测性能评估包括:探测高度统计、被试雷达自身比对、气球测风比对。

6.1 探测高度统计

被试雷达连续工作时间应不少于三个月,用实际探测数据进行最大探测高度统计。在有天气过程期间,最大探测高度应不小于雷达设计探测高度。

注:风廓线雷达的探测高度与测量时的天气条件有关,主要取决于大气的湍流折射指数的大小。影响的主要因素是大气中的水汽,当大气中的水汽含量较大时,风廓线雷达将有较高的探测高度,被测空气中的水汽较少时,探测高度较低。试验时应合理选择天气条件。

6.2 被试雷达自身比对

对 5 波束测量体制的被试风廓线雷达,可以用任意两个成正交的两个倾斜波束与垂直波束组成一个 3 波束风廓线雷达,在同一个扫描周期内(通常为 2 min)可以得到两个风向风速和一个垂直气流速度的值。

在实际比对时，通常用比对双方的东西、南北两个风速分量和一个垂直气流速度之间的误差分别进行统计计算，不对风向和风速进行单独的误差计算。

比对数据通常应不少于1000组，首先制作时间对应两个水平风速分量和垂直速度之间误差的分布曲线，观察两者之间的误差分布情况。

风速分量和垂直速度间的误差应分组统计，通常分0～5 m/s、5 m/s～10 m/s、10 m/s～20 m/s、20 m/s～30 m/s和30 m/s以上5组，计算各组误差的系统误差和标准偏差。

按照附录A的要求和方法进行数据处理和评定。

6.3　气球测风比对

采用与高空气象探测所得空中测风向风速比对的方法进行。作为参考标准的高空探测系统应能提供秒间隔对气球(探空仪)的定位数据，推荐采用卫星导航高空探测系统。

试验时，被试雷达应连续探测，期间施放气球并携带探空仪。比对试验应不少于30次，以每次施放气球的开始和结束的时间为依据，采用时间同步的方法，用探空系统记录的秒间隔对应数据的时间，在被试风廓线雷达连续记录的风向风速数据。

按照附录B的要求和方法进行数据处理和评定。

7　环境适应性试验

7.1　气候环境

包括低温、高温、湿热、低气压、淋雨、盐雾采用自然环境试验的方法，对于全国通用的被试风廓线雷达，分别在低温区、高温区、湿热、沙漠、高原和频繁降水的地区进行实际的试验。以评定被试雷达的气候环境适应能力。

7.2 运输或行驶

对于非车载被试雷达采用车载运输方式考核,载车应为卡车,其额定载重量应大于被试品重量一倍;车载移动式雷达直接进行行驶试验,应能承受以下试验条件,并能保持其性能:

土路、碎石路车速为 20 km/h～30 km/h;

柏油路、混凝土路车速为 30 km/h～40 km/h;

运输或行驶(或由运输模拟器代替)的距离不小于 300 km,通过的土路和碎石路面占总试验里程的比例应不少于 60%。

先将被试雷达进行初始检测,确定其工作正常后,车载式雷达,使其处于运输状态进行实际的行驶试验,非车载式雷达,用包装箱将各部分包装牢固,固定在汽车货箱底板上进行运输。行驶或运输中间紧急刹车三次,试验后检查被试雷达能否正常工作。

7.3 电磁兼容性

分定性检查和定量试验,定性检查的内容包括:

a)雷达工作时各部分有无相互干扰的情况;

b)雷达工作时,安装地点的设备是否会受到干扰,能否正常工作;

c)安装地点的设备工作时,被试雷达能否正常工作。

电磁兼容性的定量试验,按照 GJB 151B—2013《军用设备和分系统电磁发射和敏感度测量》的试验要求和方法进行,测量被试雷达的电磁发射和电磁敏感度参数是否符合技术指标要求。

8 可靠性和维修性

8.1 可靠性

首先应对试验期间雷达正常探测情况下所发生的故障进行统计,给出试验期间 MTBF 的观测值,对被试雷达试验期间的可靠性进行定性说明。

在需要给出被试雷达的可靠性具体参数时，按照 GB 5080.7 的要求和方法进行可靠的验证试验。试验所采用的使用方风险、生产方风险、鉴别比以及具体的试验方案，由被试品生产方和使用方商定并报上级主管部门批准。

推荐采用生产方和使用方风险各为 20%，鉴别比为 3 的定时结尾试验方案，试验的总时间为规定 MTBF 下限值的 1.46 倍，拒收故障数为 3。试验期间被试雷达的总责任故障数，按照试验方案的规定进行是否合格的判定。

8.2　连续工作时间

取被试雷达技术指标规定的连续工作时间，进行三次连续探测，中间断电 1 h，能够正常工作评定为合格。

8.3　维修性

8.3.1　维修性定性检查

主要包括：

——维修可达性；

——检测诊断的方便性与快速性；

——零部件的标准化和互换性；

——防差错措施与识别标记；

——工具操作空间和工作场所的维修安全性；

——对维修人员素质的要求；

——故障自动报警功能的可靠性；

——维修工具和检测仪表的适用性；

——维修手册规定作业程序的正确性；

——测试点识别标记及其方便性；

8.3.2 规定操作程序的合理性和完整性

按照被试品使用说明书规定的操作步骤和方法操作,检查其规定操作程序的合理性和完整性,对被试品使用说明是否能够指导被试品操作、使用做出评价。

若需要给出维修性的具体参数,应进行维修性的定量试验,确定被试雷达的维修性技术指标 MTTR 是否合格,按照 GJB2072 的要求和方法进行,试验所采用的使用方风险、生产方风险、鉴别比以及具体的试验方案,由被试品生产方和使用方商定并报上级主管部门批准。按照所采取试验方案的规定进行是否合格的判定。

9 安全性

9.1 高压警告及防护

检查雷达的发射机柜、主电源等部分是否有电气安全设置与警示。

9.2 绝缘电阻

用最大量程为 500 V 的兆欧表测量电源引入端子与机壳间的绝缘电阻。

9.3 防雷措施

按照 QX/T 2—2016 中的防雷规定检验防雷措施。

9.4 安全信号联络

用实际操作的方法检查被试雷达的声、光联络、人身安全防护措施是否正常。

9.5 微波辐射安全

根据 GB8702—2014 第 2 章的要求,对雷达环境电磁场进行检查。

9.6　噪声安全

用噪声测量仪器在雷达架设现场、终端操作室和油机房进行测量。

10　测试结果及评定

所有测试项目中，按照本部分规定的方法进行测试，若测试结果符合技术指标要求判定为合格，否则为不合格。

被试雷达的功能和业务应用产品等检查项目，符合技术指标要求的为合格，若不符合要求，允许生产方在测试过程修改或增加，重新检查合格，也可判为合格，否则为不合格。

被试雷达自比对和与气球定位测风比对结果按照附录 A 中 A.3 和附录 B 中 B.3 的规定进行评定；

被试雷达与同类雷达测风在自然大气条件下风向风速比对结果，与探空仪的温度测量结果所得系统误差和标准偏差合成区间误差后，在进行是否合格的判定时，应考虑参考标准的误差影响。若被试雷达与参考标准之间存在系统误差，其绝对值超过被试雷达技术指标最大允许半宽时，应查明原因，或判定为两者之间没有可比较性。

必要时，可用风向风速或温度比对的个例，制作比对曲线或多次比对的误差曲线分布图，针对某些现象和被试雷达的特性进行分析和说明。

按照第一部分第 11 章对被试产品的评定原则进行是否合格的判定。

按照第一部分第 12 章要求编写测试报告。

附录 A
风廓线雷达测风自比较的数据处理和评定
(规范性附录)

A.1 风速分量的计算

大气运动是随时间变化的三维矢量,每一时刻,都可分解为东西、南北和垂直方向的呈正交的 V_x、V_y、V_z 三个分量,并可满足如下关系

$$\begin{cases} V_x\sin\theta+V_z\cos\theta=V_{RE} \\ V_y\sin\theta+V_z\cos\theta=V_{RN} \\ V_z=V_{RH} \end{cases} \tag{A.1}$$

设 V_{RE}、V_{RN}、V_{RH} 分别代表东西、南北和垂直方向风廓线雷达所测的气流径向速度,由公式(A.1)进一步推导可得三个矢量的计算公式:

$$\begin{cases} V_x=\dfrac{V_{RE}-V_{RH}\cos\theta}{\sin\theta} \\ V_y=\dfrac{V_{RE}-V_{RH}\cos\theta}{\sin\theta} \\ V_z=V_{RH} \end{cases} \tag{A.2}$$

3 波束风廓线雷达所测两个风速分量和垂直气流速度可用公式(A.2)计算。

5 波束风廓线雷达组成"两部"3 波束风廓线雷达时,每一次 5 波束的顺序扫描都可得到被测大气的两个南北分量、东西分量和垂直气流速度。

上述假设的"两部"雷达所测风速分量和垂直气流的值其实是同一部雷达的测量结果,可用于评定被试雷达本身的测量性能。

A.2　误差的计算和分离

计算误差时，应假设用其中一个3波束组合计算结果为参考标准，以确定各项差值计算的顺序。应首先计算按照被试雷达测量周期为基本单元的各次差值。

若被试雷达技术指标规定的输出风向风速和垂直气流速度的平均（平滑）时间，是被试雷达多个测量周期的平均值，还应按照规定的平均（平滑）时间，先将对应各测量周期的误差取平均值，然后再进行误差计算。

“两部”3波束风廓线雷达之间的误差用同一个扫描周期的数据计算，包括南北和东西两个水平风速分量和一个垂直气流速度。每个扫描周期都可得到三个差值。

以6.3.1.3原则按照风速大小对各组差值进行分组处理，计算各组差值的系统误差和标准偏差。

对各组误差中随机误差的标准偏差进行误差分离，用公式（A.3）计算。

$$S_{FZ}=\frac{\sqrt{2}}{2}S_{ZB} \tag{A.3}$$

式中：S_{FZ}为被试风廓线仪风速分量或垂直气流随机误差的标准偏差；S_{ZB}为用自身比较方法得到的综合标准偏差。

A.3　试验结果和评定

A.3.1　在同一直角坐标内分别制作“两部”3波束雷达测量的南北、东西两个风速分量和垂直气流速度之间误差随时间变化的曲线，定性说明“两部”雷达所测风速分量和垂直气流速度之间的关系和误差分布特性。

A.3.2　用各组风速分量和垂直气流速度间的系统误差说明被试雷达5波束测量特性的一致性。若大多数分组的系统误差绝对值大于被试雷达技术指标规定风速（或速度）最大允许误差半宽的1/5，应查明原因。必要时,可测量波束指向角和方向图,以判定五波束的特性是否一致。

注:由于"两部"3 波束风廓线雷达的测量结果出于同一部 5 波束雷达,两者测量特性相同,在多次测量的情况下,它们之间的系统误差应归于零。若不归于零,最可能的原因是 5 个波束中有不正常的情况。

A. 3. 3　若通过 A. 3. 2 的判定,被试雷达五波束的特性一致,没有异常情况,用各分组的标准偏差与被试雷达技术指标比较判定其动态测量误差是否合格。各组标准偏差中有一组的超出了允许值,即判定为被试雷达的动态测量误差不合格,否则为合格。

附录 B
风廓线雷达与气球定位测风比对试验数据处理方法和要求
(规范性附录)

B.1 比对试验的数据同化

B.1.1 比对数据应以不同高度分层统计,以被试风廓线雷达的厚度风层为基准,将气球定位测风的秒间隔数据按照不同高度置于各个分层内。可根据统计样本大小的需要,将风廓线雷达的两相邻两个或多个厚度分层合成一层处理,以增加分层的样本量。

注:在通常情况下,风廓线雷达给出的风速分量的对应高度为厚度层的中间高度,应根据被试雷达采用模式的脉冲宽度确定层的厚度。将各层的中间高度加厚度的一半作为该厚度层的上限高度,减厚度的一半作为下限高度。

B.1.2 气球定位测风在采用导航测风探测系统时高度由卫星定位高度给出,若为地心坐标高度,应转换为与风廓线雷达测量相同的站心坐标高度。

B.1.3 采用导航测风作为参考标准时,气球定位数据应采用导航卫星定位的秒间隔原始数据,定位所得探空仪各时刻经度、纬度和高度的秒间隔数据应转换为以观测点为原点的站心坐标系方位、仰角和距离。

若采用测风雷达定位测风,应采用测风雷达对探空仪定位的秒间隔数据。

B.1.4 在计算各分层的风向风速之前应先计算探空仪空间位置对应站心坐标水平面投影点至观测点间的水平距离 s,用公式(B.1)计算。

$$s=L\cos\alpha \qquad (B.1)$$

式中:L 为观测点至气球空中位置的斜距离;α 为探空仪空中位置对

于观测点的仰角。

用公式(B.2)计算各投影点在站心坐标平面的坐标 $d_i(x_i, y_i)$。

$$\begin{cases} x_i = s_i \cdot \sin\beta_i \\ y_i = s_i \cdot \cos\beta_i \end{cases} \tag{B.2}$$

用公式(B.3)计算每相邻两个秒间隔的风速分量。

$$\begin{cases} V_{xi} = \dfrac{\sum\limits_{i=1}^{n}(x_{i+1} - x_i)}{\Delta t} \\ V_{yi} = \dfrac{\sum\limits_{i=1}^{n}(y_{i+1} - y_i)}{\Delta t} \end{cases} \tag{B.3}$$

式中:V_{xi} 为南北方向上的风速分量;V_{yi} 为东西方向上的风速分量;Δt 为两相邻定位点的时间差。

用公式(B.4)分别计算各分层两个风速分量的平均值 $\overline{V}_{Xi}$ 和 $\overline{V}_{Yi}$。

$$\begin{cases} \overline{V}_{Xi} = \dfrac{\sum\limits_{i=1}^{n} V_{xi}}{n} \\ \overline{V}_{Yi} = \dfrac{\sum\limits_{i=1}^{n} V_{yi}}{n} \end{cases} \tag{B.4}$$

式中:n 为各分层计算平均值所用的风速分量的个数。

用公式(B.5)计算各分层的风速值 v_i。

$$V_i = \sqrt{\overline{V}_{xi}^2 + \overline{V}_{Yi}^2} \tag{B.5}$$

风向的计算,应先用公式(B.6)计算在某一象限的角度值 D'。

$$D'_i = \arctan \frac{\overline{V}_{Yi}}{\overline{V}_{Xi}} \tag{B.6}$$

然后作以下判断,求出实际风向 D_i:

若 $\Delta x > 0$:$D_i = D'_i + 180°$;

若 $\Delta x < 0$:$\Delta y \geqslant 0$,$D_i = D'_i + 360°$;

若 $\Delta x<0:\Delta y<0, D_i=D'_i$；

若 $\Delta x=0:\Delta y>0, D_i=270°$；

若 $\Delta x=0:\Delta y<0, D_i=90°$；

若 $\Delta x=0:\Delta y=0$，为静风。

各分层用风廓线雷达测得风向和风速值减去气球定位测风相应分层的风向和风速求得风向和风速的差值。对多次比对施放各相同分层的差值一起统计，计算系统误差和标准偏差，作为比对试验的结果。

B.2　各厚度层的误差分离

B.2.1 误差影响量的考虑

风廓线雷达属于主动遥感测风，施放气球测风属于空间定位测风，在进行误差处理时应考虑以下因素：

a)测量原理的差异；

b)采样空间不同；

c)对风场湍流的动态响应不同；

d)在求取平均值进行比较时平均方法不同；

e)测量方法本身的误差。

在进行误差处理和合格判定时，应考虑上述因素造成的附加误差影响。

B.2.2　误差的分离

在与气球测风比较时，其综合结果中应去除风场散布和气球测风本身的误差影响，才是被试雷达测风本身的误差。被试风廓线仪与气球测风比较所得风向或风速标准偏差用公式(B.7)计算。

$$S_{FJ}=\sqrt{S_Z^2-S_S^2-S_J^2} \tag{B.7}$$

式中：S_{FJ} 为被试风廓线仪风向或风速误差的标准偏差；S_Z 为与气球定位测风比对所得风向或风速误差的综合标准偏差；S_S 为风场散布

的风向或风速标准偏差；S_J 为气球测风本身的标准偏差。

B.3 对比对试验结果的评定

B.3.1 比对试验的结果以各高度分层的系统误差和标准偏差为依据进行评定。若无法得多风场散布和气球定位测风本身误差的影响量数据，通常只给出定性分析和说明。

B.3.2 用各厚度分层的系统误差说明两种测风方法所得风向风速的可比较性，若系统误差的绝对值不超过技术指标规定风向风速允许误差的 1/3，通常应评定为两种测风方法所得风向风速具有可比较性。

B.3.3 用各厚度分层的标准偏差说明两者测风方法间的误差散布大小，若两种测风方法间的风向风速的综合标准偏差不超过被试雷达技术指标规定风向风速允许误差的两倍，也应评定为两种测风方法所得风向风速分量数据具有可比较性。

B.3.4 对于不符合 B.3.2 和 B.3.3 的情况应进行分析，采用将每次比对施放试验所得风向风速误差随高度分布图形说明误差散布的情况。

风速值在 5 m/s 或以下的风向风速比对数据应单独统计，必要时可在试验报告中特别说明。

第七部分　地基 GNSS 遥感水汽探测设备

1　范围

本部分规定了利用导航卫星(GNSS)进行地基遥感水汽探测的设备功能、性能和运行稳定性等的测试方法与评定等。

本部分适用于地基 GNSS 遥感水汽探测设备测试和评定。

2　基本要求

应符合第一部分中 4.2 的相关要求。

3　交接检查

除按照第一部分 8.2 和 8.3 的要求进行外观、结构和成套型检查外,还应进行开机检查,以确定被试产品是否能够正常工作。

4　功能测试

4.1　卫星系统信号标识

分析观测文件的头记录标签,RINEX VERSION / TYPE 中是否有相关卫星系统的标识。

4.2　观测值

分析观测文件的头记录标签,TYPES OF OBSERV 中是否有各观测值的标识。

4.3　卫星仰角

通过 TEQC 软件检查,在 TEQC 中输入观测文件的检测代码,观察输出的卫星仰角数据是否符合要求。

4.4　通信端口

目视检查接收机硬件接口。

4.5　自动恢复

在被试产品正常工作的情况下直接关闭电源,一分钟后,再接通电源,检查接收机是否自动启动,并恢复断电之前的设置。

在关闭电源之前,应记录接收机的相关配置,以备检查核对。

4.6　FTP 服务

在接收机设置 FTP 服务器地址、用户名、密码等,查看接收机是否通过 FTP 方式定时把文件上传到指定的服务器。

4.7　外接原子钟频标接口

目视检查接收机是否存在原子钟频标接口,接入原子钟查看是否可连接。

4.8　气象仪数据接收及存储

检查接收机存储卡是否有气象数据。

4.9　数据存储

检查是否有内置存储卡,或者在不带任何外接配置情况下连续接收数据一个月。

4.10　TCP/IP 地址设置

检查接收机是否有配置 TCP/IP 地址的设置界面，是否可以设置 TCP/IP 地址。

4.11　软件

对被试产品附带的软件进行逐项操作检查，评估软件的界面、功能、性能、易用性和完善程度等。检查项目包括，显示卫星接收状况、文件接收状况和气象仪器工作状态；记录功能、传输功能、日志功能、监控报警功能、设置功能、格式转换功能、远程控制功能、远程参数设置和远程复位功能等。

5　技术性能测试

5.1　天线和电缆

5.1.1　抗多路径效应

用 TEQC 软件解算观测数据，在 TEQC 软件中输入观测文件的检测代码，输出 MP1 和 MP2 值，对比设置的阈值，判定是否符合标准。

5.1.2　天线相位中心偏差

天线检测部门利用天线相位检测机器人进行测量检测，得出天线相位中心偏差。

5.1.3　相位中心稳定性

天线检测部门利用天线相位检测机器人进行测量检测，得出天线相位中心稳定性。

5.2　接收机信号通道

分析观测文件的头记录标签，WAVELENGTH FACT L1/2

中,查看卫星通道数量。

5.3 接收机时钟偏差

用 GAMIT 软件处理数据解算出结果,生成 J 文件,由 J 文件中查找接收机时钟偏差数据。

5.4 钟频

用 GAMIT 软件处理数据解算出结果,生成 J 文件,由 J 文件中查找阿兰系数数据。

5.5 相位测量误差

分析 RINEX 文件的多普勒频率的观测数据,算出系统误差和标准偏差。

5.6 内部噪声水平

计算坐标增量和基线长度,用双差观测值(或原始载波相位观测值)表示的接收机内部噪声水平。

采用零基线方法,选择周围高度角 10°以上无障碍物的地方安放天线,连接功分器将同一天线输出信号分成功率、相位相同的两路信号送到两台接收机,同步接收 4 颗以上卫星 1.5 h,交换接收机天线接口,按上述要求再观测一个时段。用静态定位软件计算坐标增量和基线长度,坐标增量及其误差。

5.7 采样率

检查接收机是否可软件设置不同采样率,最高不低于 10 Hz。分析观测文件的头记录标签,INTERVAL 中,查看采样间隔。

5.8 周跳频率

周跳出现频率:对于 24 小时、采样率为 30 秒的零基线测量,最小卫星高度角取0°,当卫星仰角在10°～90°时,两个接收机每个周跳的观测量大于3000,在0°～－10°间观测量大于1000。

通过TEQC软件检查,在TEQC软件中输入观测文件的检测代码,输出周跳频率。

5.9 数据格式

检查接收机是否生成导航文件、观测文件;打开生成的文件查看文件头格式及文件内容,与标准RINEX格式文件比对。

5.10 功耗

用万用表测量接收机和天线的工作电流和电压计算功耗。

5.11 电源

目视检查接收机硬件接口。将接收机接入直流及交流电源检查是否能够正常供电

5.12 配套气象仪

在被试产品正常工作的情况下检查接收机内是否存储了气象文件。

6 环境适应性测试

在第二部分中选择适于被试产品环境适应性要求的项目,并参照相应的试验方法进行试验。

若设备有特殊使用要求,可以依据有关技术标准文件拟定补充试验项目,并制定相应试验方法。

7 外场试验交接检查

7.1 外场试验基本要求

外场试验在自然大气条件下进行。同一试验地区至少应有3台

被试产品同时观测。对应被试新产品或通过重大技术改进的老产品,必须进行与业务高空探测系统的比对试验,至少要选择两个具有不同湿度条件的地点进行,每个试验地点的比对试验应不少于30次。以进行被试产品的测量结果一致性,数据记录的完整性、测量数据的准确性、可靠性性和稳定性数据统计。

7.2 观测数据的一致性

采用被试产品多台同时测量的结果进行统计,计算每次测量各台被试产品的测量结果对于其平均值的偏差,并计算系统误差和标准偏差。以大气可降水量的不同大小分组统计,每组样本应不少于60次。

7.3 数据记录完整性

测试期间,全天24小时连续观测,数据获取率≥95%为合格。

$$\text{数据获取率}(\%)=\frac{\text{实际收到的数据量}}{\text{按规定应收到的数据量}}\times 100\%$$

7.4 测量要素的准确性

对测试期间的资料进行分析,得出关于伪距、相位等观测量的观测误差,与标准设备获取的观测资料进行对比分析。

参加比对的试验数据,所有卫星信号电平应高于−130 dBm。

对测试期间获取的观测数据进行解算处理,得出伪距、相位的数值,与标准设备获取的数值进行比对并计算系统误差和标准偏差。

7.5 多路径检验

连续观测24小时,截止高度角设置为零,采样间隔30秒。记录仪器内完全锁定所有可见卫星并能正常记录所有必须观测的数据;高度角在10°以上的观测量中应有大于95%的有效观测量;MP1和MP2与设置的阈值对比,判定是否符合标准。

观测接收机的卫星锁定指示灯。如果没有指示，可以通过终端软件的监视窗口进行观察。用相应软件解算观测数据，在软件中输入观测文件的检测代码，判定输出值是否符合要求。

7.6 大气可降水量

大气可降水量和同站址的业务探空结果进行比较。利用解算软件计算出被试产品的大气可降水量，与用同站址的探空站数据解算出的大气可降水量进行比对。探空系统测量的可降水量按照附录 A 的要求和方法计算。

7.7 稳定可靠性

在测试期间，记录被测产品的故障，并统计平均故障间隔时间。

8 测试结果及评定

所有测试项目中，按照本部分规定的方法进行测试，若测试结果符合技术指标要求判定为合格，否则为不合格。

被试产品有一项功能、技术性能、可靠性、环境适应性不合格即判定为其整体不合格。

附录 A
探空计算大气可降水量的方法

1. 计算饱和水汽压 E_w

$$\lg E_w = 10.79574\left(1-\frac{T_0}{T}\right)-5.028\lg\frac{T}{T_0}+1.50475\times10^{-4}\left[1-10^{-8.2969\left(\frac{T}{T_0}-1\right)}\right]+0.42873\times10^{-3}\left[10^{4.76955\left(1-\frac{T_0}{T}\right)}-1\right]+0.78614$$

2. 计算实际水汽压 e

$$e=E_w(U/100)(\text{hPa})$$

3. 计算绝对湿度 a

$$a=216.7679\times\frac{e}{T}(\text{g/m}^3)$$

4. 将 a 根据高度累加,最后得到总的水汽质量 M。用水汽总量 M 除以 1000,得大气可降水量(mm)。

以上 T_0 为水的三相点温度,T 为绝对温度,U 为相对湿度。

第八部分　气溶胶质量浓度设备

1　范围

本部分规定了气溶胶质量浓度设备测试的交接检查，环境适应性、可靠性试验，气密性、流量、测量结果一致性、动态测量误差、时钟误差、放射性强度、标准膜片重现性和粒子计数阈值等测试的要求和方法。

本部分适用于基于激光散射法、振荡微天平法、贝塔射线法（又称 β 射线吸收法）的气溶胶质量浓度在线观测设备和膜采样设备的测试。

2　规范性引用文件

下列文件对于本部分的应用是必不可少的。凡是注日期的引用文件，仅所注日期的版本适用于本部分。凡是不注日期的引用文件，其最新版本（包括所有的修改单）适用于本部分。

QX/T 173 GRIMM 180 测量 PM10、PM2.5 和 PM1 的方法

QX/T 305 直径 47 mm 大气气溶胶称重技术规范

HJ 656 环境空气颗粒物（PM2.5）手工监测方法（重量法）技术规范

3　基本要求

被试产品样本应符合第一部分中第 6 章的要求，被测试产品应至少提供 3 台。

4 交接检查

按照第一部分中的 8.2 和 8.3 的要求进行,包括外观和结构检查、成套性检查以及工作状态检查等。

防雨帽应配置防虫网。

切割器应具有检定或校准证书。

进气管路采用抛光不锈钢管,并垂直连接导入测量系统。

具有除湿系统,除湿效率要能满足测量对湿度控制的要求。

对于贝塔射线法在线观测仪器,还应检查其放射性安全证书或安全生产许可证书。

对于在线连续观测仪器,仪器主机具有可显示实时测量浓度的显示屏。

具有数据传输接口,必要时进行数据传输试验。

5 环境适应性

根据被测产品的使用环境,在第二部分中选择适于被试仪器环境要求的环境条件并按照相应的测试方法进行。

若设备有特殊使用要求,可以依据有关技术标准文件拟定补充试验项目,并制定相应试验方法。

6 技术性能测试

6.1 测试环境条件

实验室测试的项目应符合第一部分中 5.2 的要求,外场试验的项目应符合 5.3 的要求。

6.2 气密性

6.2.1 标准器

流量调节阀,标准计时器,满足第一部分 5.4 要求。

6.2.2 测试方法

确保仪器设备处于正常工作状态下，拔下采样头，有切割器的还应该拔下切割器，用流量调节阀慢慢密封整个管路的进气口，每隔 3 秒记录时间和采样流量。

6.2.3 结果判定

采样流量无法在规定时间内下降至指定范围内，判定为气密性不合格。

6.3 流量

6.3.1 标准器

标准体积流量计，满足第一部分 5.4 要求。

6.3.2 测试方法

开机状态下，用标准体积流量计连接于整个管路的进气口，每 10 秒记录一次标准流量计读数 Q_0 和被试产品流量读数 Q，记录不少于 60 次，保持开机状态，间隔 3 小时后再按照此方法记录不少于 60 次，再间隔 3 小时后记录不少于 60 次，共获得不少于 180 个标准流量计读数 Q_0 和被试产品流量读数 Q。

对于有主、辅气路的设备，应分别测量其主、辅气路的流量。

6.3.3 数据处理

按照第一部分 10.2 中公式(1)计算差值，用公式(2)计算流量的平均值，统计过程中，用 3 倍标准偏差法剔除粗大误差。

6.3.4 结果判定

系统误差不满足技术要求的判定为不合格。对于有主、辅气路的设备,应分别测量流量的系统误差,分别判定。

6.4　测量结果一致性

6.4.1　测试方法

抽取 M 台($M \geqslant 3$)被试产品在自然环境中进行同步测量,相邻进气口之间间距为 1.5～2 m,连续观测三个月以上,日数记为 N。

6.4.2　数据处理

同步观测期间获得 N 组日均值,每组日均值有 M 个数据,第 j 组日均值的平均值为:

$$\overline{C}_j = \frac{1}{M}\sum_{i=1}^{M} C_{ij}$$

i 为每台设备编号,$i=1,2\cdots M$,j 为观测序日,$j=1,2\cdots N$,下同。

第 j 组日均值的距平的平方之和为:

$$P_j = \sum_{i=1}^{M}(C_{i,j} - \overline{C}_j)^2$$

观测结果的标准偏差为:

$$S = \sqrt{\frac{\sum_{j=1}^{N} P_j}{N-1}}$$

6.4.3　结果判定

一致性不满足相应技术要求的,判定为不合格。

6.5　动态测量误差

6.5.1　标准器

3 台标准采样器,十万分之一天平,满足第一部分 5.4 要求。

6.5.2　测试方法

被试产品连续运行不少于 90 天(日数记为 N)，按照《HJ 656—2013 环境空气颗粒物(PM2.5)手工监测方法(重量法)技术规范》要求利用 3 台标准采样器进行同步观测，换膜时间为每日 08—09 时。按照 QX/T 305—2015《直径 47 mm 大气气溶胶称重技术规范》要求计算每日 3 台标准采样器的测量值，若本日两两测量值符合相应技术要求，则本日数据有效。若有效数据组数大于 60 组，则本次测试有效，否则重复本测试。

6.5.3　数据处理

选取有效的标准采样器数据，计算每日 3 台标准采样器日均值 $C_{0j}(j=1,2\cdots N)$，计算对应时段(09 时至第二日 08 时)被试产品测量日均值 $C_{ij}(j=1,2\cdots N, i$ 为仪器编号$, i=1,2,3)$，以 C_0 为标准器的测量值，按照第一部分 10.2 计算每台被试产品的系统误差，按照下述方法计算每台被试产品与标准器之间的斜率、截距和相关系数。

C_0 和 C_i 回归曲线的斜率计算方法为：

$$k=\frac{\sum_{j=1}^{N}(C_{0j}-\overline{C}_0)\times(C_{ij}-\overline{C}_i)}{\sum_{j=1}^{N}(C_{ij}-\overline{C}_i)^2}$$

式中，k 代表回归曲线的斜率；C_0 代表标准采样器，C_i 代表被试产品，$i=1,2,3$；j 代表观测序日，$j=1,2,\cdots N$；下同。回归曲线的截距计算方法为：

$$b=\overline{C}_0-k\times\overline{C}_i$$

式中，b 代表回归曲线的截距。

回归曲线的相关系数计算方法为：

$$r=\frac{\sum_{j=1}^{N}(C_{0j}-\overline{C}_0)\times(C_{ij}-\overline{C}_i)}{\sqrt{\sum_{j=1}^{N}(C_{0j}-\overline{C}_0)\times\sum_{j=1}^{N}(C_{ij}-\overline{C}_i)}}$$

6.5.4 结果判定

系统误差、斜率、截距和相关系数不符合技术要求，评定为不合格。

6.6 时钟误差

6.6.1 标准器

标准计时器，满足第一部分 5.4 要求。

6.6.2 测试方法

调整仪器时间的时、分、秒与标准计时器一致后，正常运行 72 小时，记录被试产品显示的时间 T 和标准计时器显示的时间 T_0。

6.6.3 数据处理

按照第一部分 10.2 公式(1)计算差值，按照其公式(2)计算系统误差。

6.6.4 结果判定

系统误差不符合技术要求的，判定为不合格。

6.7 温度、湿度和压力测量误差

6.7.1 标准器

标准温度计、标准湿度计、标准气压计，满足第一部分 5.4 要求。

6.7.2 测试方法

将标准温度计、标准湿度计、标准气压计放置被测仪器温度、湿度、气压传感器 0.2 m 范围内，每隔 1 min，记录一次标准值和仪器传感器测量值共记录 3 组。

6.7.3 数据处理

按照第一部分 10.2 中公式(1)计算差值，按照公式(2)计算系统误差。

6.7.4 结果判定

温度、湿度、气压的系统误差不符合技术要求，判定为不合格。

6.8 放射性强度

6.8.1 标准器

标准辐射检测仪，满足第一部分 5.4 要求。

6.8.2 测试方法

仪器正常运行，在前面板盖上的情况下，使用辐射检测仪测量被试产品主机前后左右四个方向 0.5 m 处放射性辐射剂量率，获得四个放射性辐射剂量率数据。

6.8.3 数据处理

求出四个放射性辐射剂量率数据最大值。

6.8.4 结果判定

四个放射性辐射剂量率数据最大值不符合技术要求，评定为不合格。

6.9 标准膜片重现性

6.9.1 标准器

标准膜片，满足第一部分 5.4 要求。

6.9.2 测试方法

仪器正常运行后,使仪器进入标称值为 C_0 的标准膜片测量程序,连续测量 3 次,读取仪器测量值 C 并记录。

6.9.3 数据处理

按照第一部分 10.2 中公式(1)计算差值,按照其公式(2)计算系统误差。

6.9.4 结果判定

标准膜系统误差不符合技术要求,判定为不合格。

6.10 可靠性

6.10.1 测试方法

抽取 3 台并使产品在自然大气条件下,开机运行 3 个月,记录试验的总时间和发生的故障数进行统计。

被试产品的故障包括因单个或多个部件损坏导致的数据缺测、负值、极端值、持续不变、剧烈震荡、偏大、偏小以及关机等。不包括不可抗外力引起停电、正常换膜、自我校准、必要维护等。

6.10.2 数据处理

平均故障间隔时间为试验的总时间除以总故障数。

6.10.3 结果判定

若平均故障间隔时间的统计结果不符合技术要求,或出现了危及被试产品或人身安全的故障,判定为不合格。

若故障数为零,直接判定为合格。

6.11　粒子计数阈值

6.11.1　标准器

粒子技术量值传递标准仪器，满足第一部分 5.4 要求。

6.11.2　测试方法

按照《QX/T 173—2012 GRIMM 180 测量 PM10、PM2.5 和 PM1 的方法》中 7.2 的要求，统计传递标准仪器和被测试仪器间 32 个粒子计数阈值间的误差。

6.11.3　数据处理

计算传递标准仪器和被试产品间 32 个粒子计数阈值的偏差。

6.11.4　结果判定

32 个粒子计数阈值的偏差中，任一阈值不符合技术要求，判定为不合格。

6.12　零点

6.12.1　标准器

高效过滤器，满足第一部分 5.4 要求。

6.12.2　测试方法

开机状态下，将高效过滤器连接于被试产品整个管路的进气口，每隔一小时记录被试产品的观测结果。

6.12.3　数据处理

按照第一部分 10.2 中公式(2)计算平均值。

6.12.4 结果判定

平均值不符合技术要求,判定为不合格。

7 结果与评定

各项测试,符合技术指标的判定为合格,否则为不合格。其中有任一项不合格,判定为被试产品不合格。同时对能否投入业务使用提出明确的意见,对出现的问题提出具体的改进建议。

测试结果报告中,应提供规定的测试项目和测试结果的表格,如表 1。

表 1　被试产品须通过项目表

须通过项目	膜采样设备	振荡微天平法气溶胶质量浓度设备	激光散射法气溶胶质量浓度设备	贝塔射线法气溶胶质量浓度设备
交接检查	√	√	√	√
环境适应性试验	√	√	√	√
技术性能测试	√	√	√	√
气密性测试	√	√	√	√
流量测试	√	√	√	√
一致性测试	√	√	√	√
动态测量误差	/	√	√	√
时钟测试	√	√	√	√
温度、湿度和压力测试	√	√	√	√
可靠性测试	√	√	√	√
放射性强度测量	/	/	/	√

续表

须通过项目	膜采样设备	振荡微天平法气溶胶质量浓度设备	激光散射法气溶胶质量浓度设备	贝塔射线法气溶胶质量浓度设备
粒子计数阈值测试	/	/	√	/
标准膜片重现性测试	/	√	/	√
零点	/	√	√	√

附录

观测司关于印发气象观测专用技术装备功能规格需求书编写指南的通知

气测函〔2015〕110号

各省、自治区、直辖市气象局,各直属单位,各内设机构:

为加强气象观测专用技术装备管理,我司委托中国气象局气象探测中心编制了《气象观测专用技术装备功能规格需求书编写指南(试行)》,现印发给你们,请遵照执行。

观测司

2015年7月17日

气象观测专用技术装备功能规格需求书编写指南

1 范围

本编写指南规定了气象观测专用技术装备功能规格需求书的编写规则及内容要求。

本编写指南适用于气象观测专用技术装备功能规格需求书(以下简称功能规格需求书)的编写,编写内容可根据不同技术装备特点适当增减。

2　编写原则

2.1　目的性

功能规格需求书旨在规定明确而无歧义的条款，促进任务提出方与承制方的沟通，以获得符合要求的实体。功能规格需求书应：

a)结合气象观测专用技术装备的实际，采用经验证过的国内外先进科技成果，具有满足气象观测专用技术装备需求的先进性和可行性；

b)不但要考虑当今的最新技术水平，还要为未来的技术发展提供框架和发展余地；

c)反映气象观测专用技术装备的要求，具有满足气象观测专用技术装备所需的系统性和完整性；

d)简明、准确、易懂，逻辑性强，全文协调一致，便于相关人员理解。

2.2　统一性

统一性将保证使用者无歧义地理解，为此，功能规格需求书应：

a)同一气象观测专用技术装备的各类专用文件的文体应统一，类似条文应采用类似措辞，相同条文应采用相同措辞。

b)同一气象观测专用技术装备的各类专用文件所有的术语以及符号、代号应统一。同一术语应指称同一概念，同一概念应使用同一术语表述。选用的每个术语应只有唯一的含义。

2.3　协调性

功能规格需求书的要求应与相关基础标准的相应条款协调一致，同一气象观测专用技术装备的各类专用文件间的相关内容也应协调一致。

2.4 适用性

功能规格需求书的每个条款应具有可操作性,便于实施,并便于引用。

3 结构与要求

3.1 层次划分

功能规格需求书层次划分和设置采用章、条、段、列项等形式。章是基本单元,是构成功能规格需求书结构的基本框架。章下可设条,条是对章的细分。条的设置是多层次的,即条下可再设条,依次类推,但不宜超过五层。章、条下可视情况设段。条下可视情况设项,章、条下只有一个段时,段下也可设项。

3.2 层次的描述和编号

功能规格需求书各层次的描述和编号应符合 GB/T 1.1—2009 中 5.2.3～5.2.6 的规定。

3.3 表述规则

3.3.1 有关条文、表、图、公式、数值以及量、单位和符号的表述应符合 GB/T 1.1—2009 第 7 章和第 8 章相应条款的规定。

3.3.2 功能规格需求书应使用规范汉字,所用标点符号应符合 GB/T 15834 的规定。

3.3.3 功能规格需求书涉及的气象仪器术语应符合 QX/T 8—2002 的相关要求。

3.4 编排格式

3.4.1 封面

功能规格需求书应有气象观测专用技术装备的名称和“功能规格需求书”字样,并有版本号、编写单位和日期,示例见附录 A。

3.4.2 编写说明

简要说明功能规格需求书的内容、要求、目的、历史版本、编写单位、编写人员等。

3.4.3 目次

功能规格需求书目次的设置可根据内容的多少而定。设目次时，应以“目次”为标题，其所列内容包括层次编号、标题及所在页码等，均应与文中完全一致。目次中的章、附录、参考文献等均顶格起排，其他按照不同层次，编号和标题依次空一个汉字起排，标题与页码之间用“……”连接，标题换行时顶格排。页码右对齐。

3.4.4 正文

正文内容一般包括以下部分，可根据需要增减。

a)前言；

b)术语和定义；

c)组成；

d)功能要求；

e)技术指标；

f)结构及工艺要求；

g)供电要求；

h)防雷要求；

i)包装、运输和安装要求；

j)其他要求；

k)附录；

l)参考文献。

4 正文内容

4.1 前言

4.1.1 目的

简述编写功能规格需求书的目的。

4.1.2 适用范围

简述功能规格需求书所规定的气象观测专用技术装备特点及功能规格需求书适用范围。

4.1.3 编写依据

列举功能规格需求书编写所依据的标准、规范和文件等。

4.2 术语和定义

4.2.1 术语和定义

在功能规格需求书中如出现或多次用到不是一目了然或众所周知的术语,或者在不同的语境中有不同解释的术语均应通过定义予以明确。

4.2.2 符号、代号和缩略语

如有必要,可给出功能规格需求书使用的符号、代号和缩略语。

4.3 组成

简述装备的组成、结构特点及对装备的设计总体要求。必要时可绘制结构框图。常规观测设备,宜包括但不限于以下内容:传感器、采集器、通信、供电和外围设备等。对于大型气象装备,如雷达,宜包括但不限于以下内容:发射机、接收机、天线等。

4.4 功能要求

说明装备的功能要求。宜包括但不限于以下内容:测量要素,初始化和参数设置,数据采集,数据处理,数据存储,数据传输,数据质量控制,状态监控,远程配置及软件升级,校准或定标,命令及数据格式,图形产品,显示与打印等。

4.4.1 测量要素

说明装备可测量的要素要求。宜包括但不限于以下内容:测量的要素的种类和数量,以及由此计算出的气象要素的种类和数量;绘制的曲线种类和数量;形成的报表种类和数量。

4.4.2 初始化和参数设置

说明装备开机或上电后应完成的初始化和参数设置要求,应具备的自检、自校准功能。

4.4.3 数据采集

说明装备的数据采样和算法要求。

4.4.4 数据处理

说明装备的数据处理方法要求。

4.4.5 数据存储

说明装备的数据存储内容、格式、存储容量和存储位置(存储在内存、存储卡或 U 盘等)等要求。

4.4.6 数据传输

说明装备内部和外部数据通信(本地通信和远程通信)要求。宜包括但不限于以下内容:接口,传输协议、方式、频次和距离等。

4.4.7 数据质量控制

说明对数据进行质量控制的要求。宜包括但不限于以下内容：采样瞬时值的质量控制(变化极限范围和变化速率检查)、瞬时气象值的质量控制(变化极限范围、变化速率和内部一致性检查)和综合质量控制。给出判断条件、处理方法以及标识等。

4.4.8 状态监控

说明对装备状态进行监控的要求。监控方式包括远程监控、本地监控和现场调试；监控的状态信息输出方式包括通信(有线或无线)和显示。监控的状态宜包括但不限于以下内容：设备运行状态的分级分类(包括整机和分系统)，监控的各类参数和对应的技术指标。

4.4.9 远程配置及软件升级

说明对系统的远程配置及软件远程升级的要求，以保证气象装备与传感器及物联网技术发展相适应。宜包括但不限于以下内容：在远程进行参数设置、修改和软件升级，变更传输方式等。

4.4.10 校准或定标

说明对装备校准或定标的要求，包括实时自动校准或定标和利用机外仪器仪表的校准或定标。

4.4.11 控制指令及数据格式

对装备的控制指令和数据格式提出要求。宜包括但不限于以下内容：装备内部各分系统之间通信命令和数据格式、装备对外部的通信命令和数据格式的要求。

4.4.12　图形产品

可生成图形的指标或要求。

4.4.13　显示与打印

说明装备显示与打印的内容和格式等要求。

4.5　技术指标

说明装备的技术指标要求。宜包括但不限于以下内容:测量技术指标、环境适应性指标、可靠性指标、可维修性指标、电源及功耗指标、体积重量指标及其他指标。

4.5.1　测量性能技术指标

说明可测量的要素的类型、数量、单位和测量技术指标要求。测量技术指标宜包括但不限于以下内容:测量范围、分辨力和最大允许误差等。

注:如果目前还达不到理想要求,可参考 WMO《气象仪器与观测方法指南(第 6 版)》,用类似于“可达到的业务准确度”和“要求的准确度”两种指标,体现目前可以达到的和将来要求达到的,或直接在需求书中分成不同等级。

4.5.2　环境适应性指标

说明装备的环境适应性要求。宜包括但不限于以下内容:气候条件、机械条件、生物条件、化学条件和电磁兼容等指标。

4.5.2.1　气候条件

气候条件宜包括但不限于以下内容:工作环境和贮存环境等指标。

a)工作环境宜包括但不限于以下内容:气温、空气湿度、气压、降水、盐雾、沙尘和抗风能力等指标。

b)贮存环境宜包括但不限于以下内容:气温和空气湿度等指标。

4.5.2.2 机械条件

机械条件宜包括但不限于以下内容:振动、冲击等。

4.5.2.3 生物条件

生物条件宜包括但不限于以下内容:霉菌、鼠咬和蚁啃等。

4.5.2.4 化学条件

化学条件宜包括但不限于以下内容:大气腐蚀、酸雨腐蚀等。

4.5.2.5 电磁兼容

电磁兼容宜包括但不限于以下内容:静电放电抗扰度、射频电磁场辐射抗扰度、电快速瞬变脉冲群抗扰度、浪涌(冲击)抗扰度、电压暂降短时中断和电压变化抗扰度等。

4.5.3 可靠性指标

可靠性指标主要以平均故障间隔时间(MTBF)表示。

4.5.4 可维修性指标

可维修性指标主要以平均修复时间(MTTR)表示。

4.5.5 功耗指标

功耗指标宜包括但不限于以下内容:整机功耗或各部分功耗等。

4.5.6 体积和重量指标

体积和重量指标宜包括但不限于以下内容:体积或外形尺寸和重量等。

4.6 结构及材料要求

根据使用环境、使用条件和使用方式不同对装备的结构及材料提出要求。包括但不限于以下内容:基本要求、结构形式、机械强度要求、电缆和接线要求、材料与涂覆要求和安全要求等。